画像認識
システム学

大﨑紘一・神代　充・宗澤良臣・梶原康博　著

共立出版

序

　従来，経営工学の分野において，人間の作業を分析するための作業研究における作業区分の1つとして，F. B. ギルブレスは，人間の動作を17個の基本動作（動素：サーブリッグ）に区分し，第1類を人間の主として上肢で行い作業に必要な8動作（のばす，つかむ，はこぶ，はなす，位置決め，使用する，組立てる，分解する），第2類を主として感覚器官，頭脳で行い作業を遅らせる5動作（さがす，選ぶ，調べる，考える，前置き），第3類を作業に不必要な4動作に分類しています。

　第1類の動作については，従来生産性向上のために人間の作業設計の基本として使用され，最近では産業用ロボットの作業設計にも貢献しています。第2類の人間の視覚，頭脳による動作は，生産性向上にはきわめて重要でありますが，汎用的な測定装置の普及の遅れや大量生産では単純な繰返し作業で視覚機能を重視しなかったために，もっぱら人間の作業として残されていました。

　1981年頃に京都大学の西川禕一教授から，人工衛星ランドサットの1シーンの一辺 185×185 km を 2300×2300 メッシュに区切り，1メッシュ 80×80 m ごとの光を紫外域，可視域，赤外域で12チャンネルに区分しデジタル化したデータから作成した瀬戸内海のある地域の画像写真を見せられ，画像処理という言葉に接し，どのように分析しているのかに大変興味を持ちました。

　そして，作業現場で使用できる装置を探していたところ1985年，125×125 画素，64階調の画像処理装置とカメラを購入することができました。ある時，柱を製材する技能者は，一瞬のうちに切る位置を決定できますが，技能者の高齢化で，この作業を自動化できないかとの話がありました。そこで，技能者の方に何を基準に判断するのかを訪ねると「節」の位置と大きさであることから，画像処理装置でそれらを認識できるかを，実際の丸太を使用して実験を行い，節を認識する手法を開発し，ある学会の論文誌に投稿したところ高い評価を得ました。

この研究を発端にして，第2類の「さがす，選ぶ，調べる，考える」を画像処理装置で自動化するための画像処理，認識手法の研究に着手し，多くの作業現場の品質検査を含めた自動化を行い，生産性向上に貢献するとともに，画像処理手法の開発をし，現在も研究を続けています．

　また，ロボットによる作業の自動化においては，画像処理装置とロボットをネットワークで結合し，第2類の「さがす，選ぶ，考える」である対象物の形状認識，作業中の作業域内の状態，「調べる」の品質検査も同時に行う手法の開発に研究を発展させ，現在では多様な作業に適応できる高知能作業ロボットによる無人で，高品質で一品一品生産のための生産工程開発の研究を行っています．

　これらの研究を通して，著者らは，ギルブレスの第1, 2類の動作をロボットと画像処理装置で行うロボット作業設計分野を確立でき，（社）日本経営工学会から学会賞，論文賞，研究奨励賞を受賞しました．

　本書では，蓄積できた画像処理，画像認識に関する多くの知識や開発した手法を体系立ててまとめました．

　第1章では，画像処理に必要となる画像処理装置，カメラ，レンズ，照明方法，色の表現，第2章では，画像処理の基本手法である輝度ヒストグラム，二値化・多値化，重心位置および面積，ラベリング，フェレ径，雑音除去，エッジ処理，輪郭線抽出法，細線化，第3章では，基本的な認識手法である点の位置および直線の認識手法，第4章では，フェレ径，輪郭線を用いた一般形状の認識手法，第5章では，三次元空間での位置の認識手法，第6章では，物品の三次元CAD図形の特徴量と対象物の入力画像からの特徴量を比較してどの物品に相当するかを認識する手法（特許3101674号，平成12年8月25日），について示しています．

　画像処理技術は，IT技術の発展によりコンピュータ，カメラなどの性能の向上，小型化，廉価により，生産現場の生産性向上，知能ロボットの発展のみならず，社会の安全性，信頼性の確保などのためにますます使用分野が広がっていますので，本書がいささかなりとも多くの分野で役立つことを期待しています．

2005年　夏

著者を代表して

大崎　紘一

目　次

第1章　画像処理の基本　　1
1.1　画像処理装置の概要　　1
1.1.1　画像処理装置の構成　　1
1.1.2　カメラ　　1
1.1.3　画像処理装置　　4
1.2　照明　　6
1.2.1　使用する光源　　6
1.2.2　光源とカメラの位置関係　　8
1.3　対象物の表面形状および反射率による入力画像の輝度値　　8
1.3.1　照明方法と輝度値との関係　　9
1.3.2　一方向照明からの光の反射光をカメラで直接計測する場合　　10
1.3.3　一方向照明からの光の反射光をカメラで直接計測しない場合　　11
1.4　色の表示　　16
1.4.1　JIS-Z8721 準拠標準色票　　16
1.4.2　画像認識の際に使用する色 (R,G,B)　　18
1.4.3　RGB 表現から HSV 表現へ　　18
1.4.4　RGB から HSV への変換式　　19
1.4.5　カメラの色補正　　21
1.4.6　光源色の補正　　22

第2章　基本的な画像処理手法　　25
2.1　輝度ヒストグラム（輝度分布）　　25

- 2.2 二値化，多値化 25
  - 2.2.1 二値化 26
  - 2.2.2 多値化 26
  - 2.2.3 二値化のためのしきい値決定法 27
  - 2.2.4 二値化後のヒストグラム 29
- 2.3 重心位置および面積 30
  - 2.3.1 重心位置の計算 30
  - 2.3.2 面積の計算 31
- 2.4 ラベリング法 32
  - 2.4.1 4 連結法によるラベリング 32
  - 2.4.2 8 連結法によるラベリング 33
  - 2.4.3 ラベリング手順 33
- 2.5 フェレ径 35
- 2.6 雑音除去（平滑化処理），（ノイズフィルタ） 36
  - 2.6.1 メディアンフィルタ 36
  - 2.6.2 拡散，収縮処理 40
  - 2.6.3 ラベリングにおける面積による雑音除去 41
- 2.7 エッジ処理（微分処理） 41
  - 2.7.1 一方向によるエッジ処理 42
  - 2.7.2 マスクオペレータによるエッジ処理 43
- 2.8 細線化処理 46
- 2.9 輪郭線抽出法 53

第 3 章　点および直線の認識手法　61

- 3.1 特徴を示す点の位置の認識 61
  - 3.1.1 対象物の特定の点の位置の認識 61
  - 3.1.2 重心位置の推定 62
  - 3.1.3 平均値を用いた形状の認識 64
  - 3.1.4 フェレ径による多角形の頂点の認識 66
  - 3.1.5 輪郭線の法線方向による頂点の認識 68

3.2	直線の認識	*71*
	3.2.1　回帰直線による直線の認識	*71*
	3.2.2　フェレ径を用いた直線の認識	*74*
	3.2.3　ハフ変換を用いた直線の認識	*77*

第4章　一般形状の認識手法 *81*

4.1	フェレ径を用いた形状の認識	*81*
	4.1.1　フェレ径内の相隣る2点間の輪郭線の形状の認識	*81*
	4.1.2　フェレ径による具体的な形状の認識	*87*
4.2	輪郭線を用いた形状の認識	*90*
	4.2.1　輪郭線の法線方向による認識	*90*
	4.2.2　重心から輪郭線までの重心－輪郭線距離	*93*
	4.2.3　重心－輪郭線距離による形状の認識	*95*

第5章　三次元空間での位置の認識手法 *103*

5.1	三次元空間の点とカメラのCCDの画素との対応	*103*
	5.1.1　三次元空間の点と対応するCCDの画素を通る直線の方程式	*103*
	5.1.2　カメラ座標系におけるCZ軸とCCD平面の交点，カメラの焦点からCCDまでの距離の推定	*109*
5.2	三次元直線の交点の認識	*111*
	5.2.1　三次元直線の交点の有無の判定	*111*
	5.2.2　三次元直線の交点の認識	*112*
5.3	三次元空間内での点の位置座標の認識	*117*
	5.3.1　同一方向の2台のカメラによる点の位置座標の認識	*117*
	5.3.2　垂直方向の2台のカメラによる点の位置座標の認識	*121*

第6章　CAD図形情報との比較による認識手法 *127*

6.1	CAD図形情報	*127*
	6.1.1　DXFファイル	*127*
	6.1.2　ENTITIESセクションの数値情報	*129*

    6.1.3 三次元 CAD 図形の二次元 CAD 図形への変換 *129*
  6.2 二次元特徴量による認識 *133*
    6.2.1 認識に必要な特徴量 *133*
    6.2.2 対象物の種類の認識 *134*
  6.3 三次元特徴量による認識 *141*
    6.3.1 認識に必要な特徴量 *141*
    6.3.2 頂点間距離を基準にした一致係数 *144*
    6.3.3 頂点間距離の一致係数による認識 *145*
    6.3.4 Z 軸の高さを基準にした一致係数による認識 *147*

索 引 *154*

第1章

画像処理の基本

本章では,画像処理を行う上で必要な画像処理装置,照明法,対象物の形状による反射率と輝度値,および色の表示法について述べる.

1.1 画像処理装置の概要

1.1.1 画像処理装置の構成

画像処理装置は,カメラ,画像処理ボード,または画像処理装置およびコンピュータから構成されている(図1-1).

図 **1-1** 画像処理装置の構成

カメラで取り込まれた画像は,画像処理ボード(画像処理装置)に備えられた画像処理用メモリに送られ,コンピュータからの処理により認識のために必要な特徴量を計算し,認識手順を介して対象物の認識を行う.また,画像処理ボードを用いず,USB (Universal Serial Bus) や IEEE-1394 ポートを介してカメラを直接コンピュータに接続する方法もある.この場合は,コンピュータのメインメモリの一部を画像処理用メモリとして用いる.

1.1.2 カメラ

画像を入力するためのカメラには CCD (Charge Coupled Device) 固体撮像素子が内蔵されている.この CCD 固体撮像素子には MOS フォトダイオー

ドからなる受光部が二次元に配列されており，その1つずつの受光部を画素（ピクセル）という．受光部の配列されている大きさは35万画素の場合では，横×縦が640×480であり，130万画素の場合では，横×縦が1280×1024である．また，このCCD固体撮像素子の画素数が画像処理用メモリのそれより多い場合には，CCD固体撮像素子に入力された画像の一部，または，入力画像全体を画像処理用メモリの大きさに合わせて縮小したものが，画像処理用メモリに転送される．

このCCDにレンズを通して，外界の画像を取り込み，各画素に明るさ（輝度）を$0 \sim 63$の$64(2^6)$，$0 \sim 127$の$128(2^7)$，$0 \sim 255$の$256(2^8)$階調などに変換して記憶する．画像が明るすぎると，全ての輝度値が最高値（例えば256階調であれば255）となり，対象物の識別ができなくなる．そこで，絞りにより，入力画像の明るさを最大階調以下になるように調節する．また，レンズの種類により，同じ入力画像でもCCDに取り込まれた大きさが異なるため，対象物の大きさや認識精度により，レンズの選択を行う（写真1-1）．

倍率の高いレンズほど視野が小さく，明るい照明が必要となる．逆に，広い視野を確保するために広角レンズを使用すると，CCD上で周辺の画像に歪みが生じるため，画像認識をする場合には，中心と周辺で比率を変えて変換する．対象物とカメラの位置や方向が変化する場合には，精度との関係を考慮しなければならない．

(1) 視野の大きさ

図1-2に示すカメラのレンズの視野角(θ)とカメラからの距離(d)によって，視野の広さ(H)が(1-1)式により決定される．

$$H = 2 \cdot d \cdot \tan(\theta/2) \tag{1-1}$$

水平，垂直方向での視野角には差があるので，必要に応じて計測する．一般的には，$\theta = 60°$前後のものが多く，広角レンズでは，$\theta = 120°$のものがある．

(2) 自動絞り，自動焦点機能

カメラの機能に自動絞りおよび自動焦点の2つの機能がある．

自動絞りは，CCDへの光量を自動で調整する機能である．CCDへの光量が多すぎると入力画像が明るくなりすぎ，全体的に白っぽい画像となる．また，

写真 1-1　各種のレンズ（上段：高倍率レンズ，近接レンズ．下段：広角レンズ，標準小型レンズ）

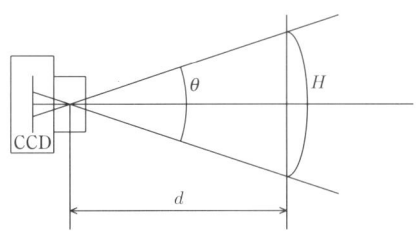

図 1-2　レンズの視野角

CCDへの光量が少なすぎると入力画像が暗くなりすぎ，全体的に黒っぽい画像となる．そのため，自動絞りとは光量を一定に調整するために自動で絞りを変える機構である．

自動焦点は，焦点距離を自動で調整する機能である．焦点距離が適切でないと入力画像がぼやけてしまうことから，焦点距離を自動で調整する自動焦点は便利な機能である．カメラと対象物の距離を変更すると入力画像内の対象物の大きさが変化するため，カメラから一定距離にある対象物の精密な位置認識を行う場合には，焦点距離が固定のほうが便利である．

(3)　パン・チルト機能

パン・チルト機能とは上下左右方向にカメラのレンズ中心軸を動かす機能である（図1-3）．この機能を用いることで1台のカメラで入力することができる視野の範囲が飛躍的に広がることから，監視カメラなどに多用されている（写真1-2）．パン・チルト機能は，機械的な可動部であるため，位置認識を行う場

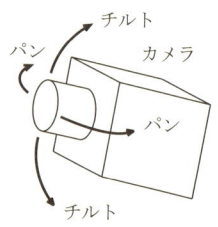

図 1-3　パン・チルト機能

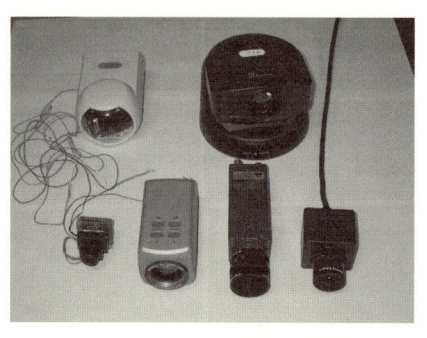

写真 1-2　各種のカメラ（上段：パン・チルトカメラ．下段：左から小型，デジタル，高解像度，普通カメラ）

合には，視野内の固定された対象物を取り込み，その位置から他の対象物の位置の検出を行う．

1.1.3　画像処理装置

(1)　メモリ上の入力画像

カメラに入力された画像は，画像処理用メモリに輝度の違いとして記録される．画像処理ボード上のメモリは，横×縦の大きさが 320×240，640×480，720×480 個の画素で構成されるものが一般的である．メモリが光の三原色（赤 (R)，緑 (G)，青 (B)）それぞれに用意されているもの，1つのメモリでRGBを共有するものなどがある．

(2)　画素（ピクセル）

入力画像は複数の画素（ピクセル）によって構成される．画素は最小単位であり，これ以上分解することはできない．この1画素に対して，赤 (R)，緑 (G)，青 (B) のそれぞれの輝度値が得られる．メモリ上の画素の位置は図1-4に示すように左上を原点 (0,0) とし，横軸を i，縦軸を j とし，任意の画素の位置を (i,j) で示す．

図1-4では，640×480 画素で使用されているものを示している．それゆえ，$0 \leqq i \leqq 639$，$0 \leqq j \leqq 479$ であり，一般には，$0 \leqq i \leqq NI$，$0 \leqq j \leqq NJ$ で示す．

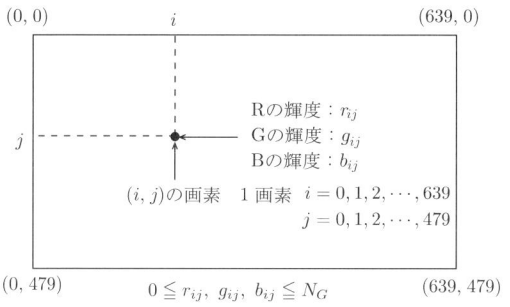

図 **1-4** 画像処理装置における画素

全画素数 (NT) は，$(NI+1) \times (NJ+1)$ となる．

(3) 輝度

1画素ごとに白黒では1つ，カラーでは三原色，赤 (R)，緑 (G)，青 (B) の3つの値により明るさを表現する．この明るさは対象物表面の輝度である．カラーの場合には，Rの輝度，Gの輝度，Bの輝度の組合せにより色を表現する．

赤 (R)，緑 (G)，青 (B) の画素 (i,j) の輝度値を r_{ij}，g_{ij}，b_{ij} で示す．輝度値の最高値 N_G を $2^k - 1$ とすると，階調は，$N_G + 1 = 2^k$ であり，各輝度値は (1-2) 式を満たす．

$$\begin{aligned} &0 \leqq r_{ij} \leqq N_G \\ &0 \leqq g_{ij} \leqq N_G \quad\quad 0 \leqq i \leqq NI \\ &0 \leqq b_{ij} \leqq N_G \quad\quad 0 \leqq j \leqq NJ \end{aligned} \tag{1-2}$$

図 1-5 は輝度値が 0〜63 ($2^6 - 1$) であり，64 ($N_G + 1 = 2^6$) 階調で示される例である．

(4) 1画素の大きさ

画像処理装置により寸法を測定する場合には，1画素の縦，横の長さを決定する必要がある．そのためには，マシニングセンタ (MC) またはワイヤーカットで薄い金属板を加工して一辺を d とし，$d \times d = 50 \times 50$mm，$100 \times 100$mm などの標準正方形を製作する．そして，カメラを設置し，入力画像を二値化し，標準正方形の一辺の画素数から，1画素当たりの大きさを測定する．ここで，i 軸 Na 画素，j 軸 Nb 画素とすると，i 軸，j 軸の1画素の長さは，(1-3) 式で

	$i-2$	$i-1$	i	$i+1$	$i+2$
$j-2$	0	0	22	20	16
$j-1$	0	25	60	58	31
j	0	30	63	63	10
$j+1$	0	20	59	46	10
$j+2$	0	0	10	10	0

図 1-5　画素内の輝度値（$N_G = 63(2^6 - 1)$）

与えられる．

$$\begin{aligned} i\,軸 \quad & SI = d/Na\,(\text{mm/画素}) \\ j\,軸 \quad & SJ = d/Nb\,(\text{mm/画素}) \end{aligned} \quad (1\text{-}3)$$

1.2　照　明

対象物を正しく認識するためには，対象物を画像処理しやすいように照明を当てる必要があるので，ここでは照明法について述べる．

1.2.1　使用する光源
(1)　一様照明

対象物の陰が画像処理に大きな影響を与える．それゆえ，対象物の輪郭部における光源の影響を少なくするために一様照明を使用する．一様照明とは，あらゆる方向の光が一様に出て，陰が出ない照明方法である（図1-6）．表面仕上げが高く，反射率の高い場合にも，一様照明を使用する．

一様照明法として，間接照明，発光ダイオードによる照明，蛍光灯照明などがある．しかし，どの照明法を使用しても広範囲を一様照明にすることは不可能であるので，用途に応じて照明装置を選定する．

(a) 上に反射板がある場合　(b) 下に磨りガラスや拡散板がある場合

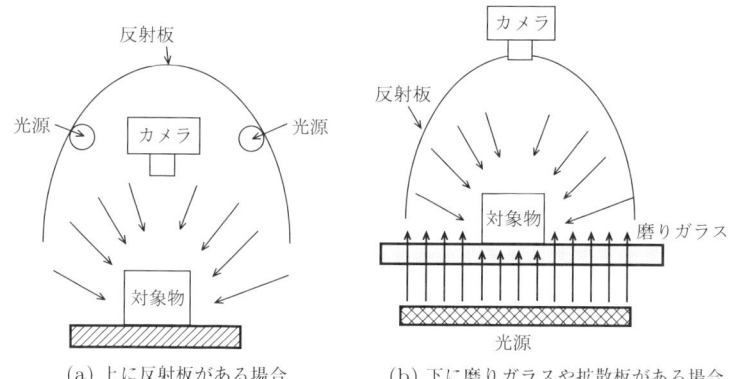

図 1-6　一様照明のための間接照明

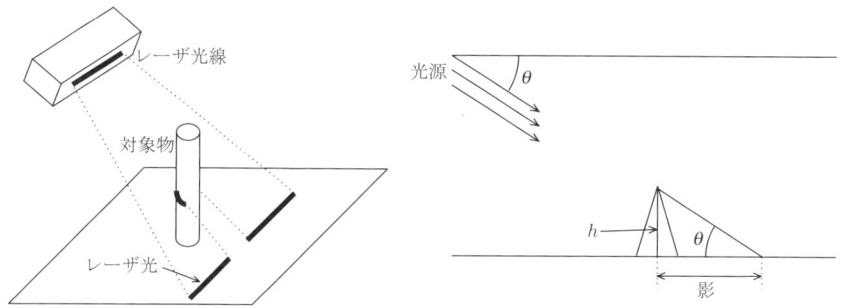

図 1-7　細い幅の一方向照明による対象物の画像

図 1-8　入射角 θ における影

(2)　一方向照明

一方向に揃った光を使用する照明方法である．

一方向照明としては，ある程度の光の幅を有する光ファイバーによる照明法と細い幅の直線性の良い光源としてレーザ光源による照明方法（図 1-7）がある．この照明法により特定の部位を一定の方向から照明し，その特徴を浮き上がらせる．この方法を光断法という．

図 1-8 に示す入射角が θ の一方向照明では，高さ h の対象物の影の長さは (1-4) 式で与えられる．

$$影の長さ = h/\tan(\theta) \tag{1-4}$$

1.2.2 光源とカメラの位置関係

一様照明，一方向照明を用いて対象物の特徴を検出するために，光源の位置，カメラの位置の関係を決定する．画像処理に使用するカメラは自動絞り装置が付いていないものが多いので，カメラの位置と光源の位置はできるだけ同一条件にして，相互の間隔を変化させる．

カメラ，照明用の光源を個別に軸回転を与えることができるようにし，それらのコントロールと画像処理ボードを1台のコンピュータで制御する装置を写真1-3に示す．この装置では，カメラ，光源を対象物の面の法線方向に対し，$\pm \pi/2$の任意の位置に設定することができる．画像処理による検査，判定，認識に関する研究を行う場合には，自作でもよいので，このような装置を持っておくと便利である．

写真 1-3 カメラ・照明光源の位置・角度を任意の位置に設定できる画像処理装置

1.3 対象物の表面形状および反射率による入力画像の輝度値

対象物を照明すると，表面形状や反射率により，表面輝度が変化し，入力画像の輝度値が変化する．その状態を画像処理をする前にシミュレーションにより予測できれば，対象物に対する照明装置とカメラの位置を決定することができ，試行錯誤の時間を短縮できる．

1.3.1 照明方法と輝度値との関係

広い幅の一方向照明により照明された平面上の任意の点における輝度をCCDの輝度値から求める．

カメラのレンズの焦点 O' を通る直線を z 軸，z 軸に垂直な直線を x 軸とする．カメラのレンズの焦点 O' と x 軸までの距離を d とする．一方向照明の光の強さを α とし，入射角を θ とする．x 軸は，左方向を正とし，軸上の反射率を μ とする（図1-9）．

x 軸上の任意の点 $P(x,0)$ の CCD 上で対応する点の輝度（$R(\beta)$）を推定する．レンズの焦点 O' と点 P を通る直線が z 軸となす角度を β（$-\pi/2 < \beta < \pi/2$）とし，(1-5) 式で与える．

$$\tan(\beta) = x/d \tag{1-5}$$

$\angle O'PO = \pi/2 - \beta$ であり，一方向光の入射角を θ とすると，点 P における反射光 $R(\beta)$ は，(1-6) 式となる．

$$\begin{aligned} R(\beta) &= \alpha \cdot \mu \cdot \cos(\pi/2 - \beta - \theta) \\ &= \alpha \cdot \mu \cdot \sin(\beta + \theta) \end{aligned} \tag{1-6}$$

$R(\beta)$ はカメラの CCD 上のある画素における点 $P(x,0)$ での輝度値となる．

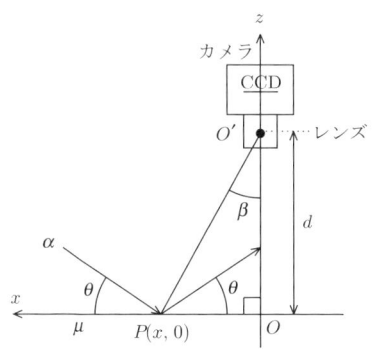

図 1-9　平面上の入射光に対するカメラ位置での輝度

【例題 1.1】

平面の真上から真下に向けた光 ($\theta = \pi/2$) を与えた場合の x 軸上の輝度の変化は，次のように求められる．

$\theta = \pi/2$ であるので，(1-6) 式は (1-7) 式となる．

$$R(\beta) = \alpha \cdot \mu \cdot \sin(\beta + \pi/2) = \alpha \cdot \mu \cdot \cos(\beta) \tag{1-7}$$

カメラの平面までの距離 (d) を 30cm として，中心から 10cm までの輝度値 $R(\beta)$ の値は，(1-8) 式で与えられる．

① $x = 0$ の場合

$\quad R(0) = \alpha \cdot \mu$: (最大値を示す)

② $x = 10$ の場合 (1-8)

$\quad \beta = 0.321$ であるので，

$\quad R(0.321) = \alpha \cdot \mu \cdot \cos(0.321) = \alpha \cdot \mu \cdot 0.948$

よって，輝度値は，図 1-10 に示すように $0.948\alpha\mu \sim \alpha\mu$ の間の値となる．一般には，平面が完全に理想状態ではないので，この程度の輝度の変化をカメラに取り込んで，平面の位置と輝度の関係を求めるのは，かなり難しい．

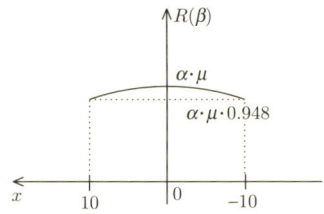

図 1-10 平面上の入射光に対するカメラ位置での輝度

1.3.2 一方向照明からの光の反射光をカメラで直接計測する場合

(1) 対象物がある程度大きい場合

対象物表面の反射率 μ_1 と背景の反射率 μ_2 との差が小さい ($|\mu_1 - \mu_2| < \varepsilon$) と，対象物の入力画像が背景の中に埋もれてしまう (図 1-11)．

① $\mu_1 > \mu_2$ の場合には，背景の反射率をできるだけ低く，$\mu_2 \fallingdotseq 0$ とする．

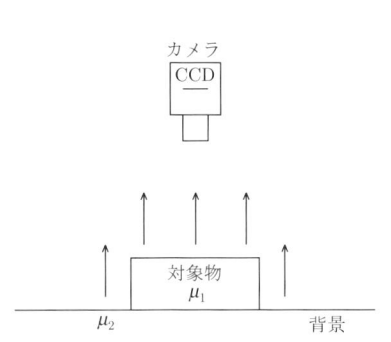

図 1-11　カメラへ反射光が直接入る場合 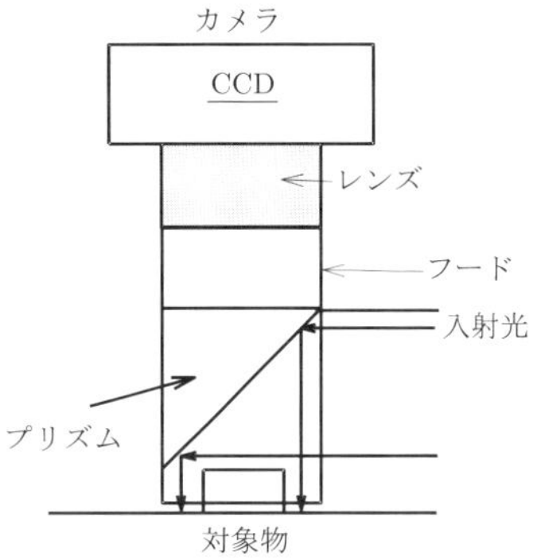　　　図 1-12　落射照明

② $\mu_2 > \mu_1$ の場合は，μ_2 をできるだけ高く，$\mu_2 \fallingdotseq 1$ とする．
③ μ_1 または $\mu_2 = 1$，すなわち，対象物の表面が鏡面状態の場合には，入射光と反射光とが等しいため，カメラの位置を変えるか，リング照明，円形蛍光灯照明などによる一様照明を用いる．

一般的には，$\max R(\beta) < N_G$ となるように光の強さ α または絞りを設定する．

(2) 対象物が小さい場合

対象物が小さくて，高倍率のレンズを使用した場合には，カメラの大きさから上方向からの一方向光が与えられないので落射照明を行う．落射照明ではレンズフードにプリズムを付け，横方向からの一方向光を $\pi/2$ 屈折させ，カメラの視野内を照明する（図 1-12）．この場合も対象物と背景との差が輝度 $R(\beta)$ の差として示される．

1.3.3　一方向照明からの光の反射光をカメラで直接計測しない場合

対象物表面の微妙な変化や段差などの検出に有効な照明方法であり，光の角度を変えることにより，必要な特徴を入力画像で明確に示せるようにする．

(1) 段差の場合

一方向照明の光の入射角を θ とする．図 1-13 に示す入射側の段差の所では，$h/\tan(\theta)$ の部分が凸の壁の反射により少し明るくなる．また，入射側の反対

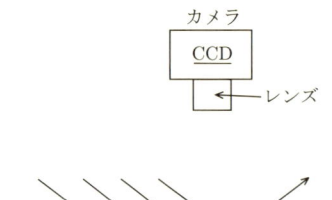
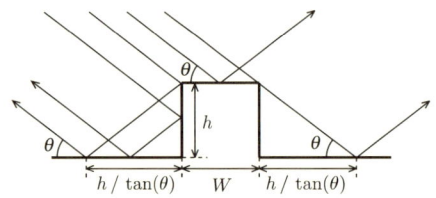

図 1-13 段差がある場合

側の段差では，$h/\tan(\theta)$ 部だけが暗くなる．それゆえ，$h/\tan(\theta)$ が入力画像で検出できる画素数になるまでレンズの倍率を上げる．

また，凸部分の幅 W がレンズに対して広い場合には，段差の高くなっている部分の左または右にレンズ中心を位置決めする．

(2) 半円形の場合

半円形の対象物に当てる一方向照明の光の強さを α，入射角を θ とし，対象物の表面上の任意の点 P での輝度値を推定する（図 1-14）．

左方向を正とした x 軸上に置かれた半径 r の半円形の対象物の表面の反射率を μ とする．カメラのレンズの焦点 O' を通り x 軸に垂直な軸を z 軸とする．対象物上の点 P と焦点 O' を結ぶ直線と z 軸との角度を β，原点 O と点 P を結ぶ直線と z 軸との角度を δ とする．また，z 軸上でカメラの焦点 O' から対象物（半径 r）までの距離を d とする．

点 P に対応する 2 つの角度 β, δ の関係は (1-9) 式となる．

$$\tan(\beta) = r \cdot \sin(\delta)/(d + r(1 - \cos(\delta))) \tag{1-9}$$

点 P における焦点方向での輝度値 $R(\beta)$ は (1-10) 式で与えられる．

$$\begin{aligned}R(\beta) &= \alpha \cdot \mu \cdot \cos(\theta + \beta + 2\delta - \pi/2) \\ &= \alpha \cdot \mu \cdot \sin(\theta + \beta + 2\delta)\end{aligned} \tag{1-10}$$

対象物の見える範囲については次のように求める．

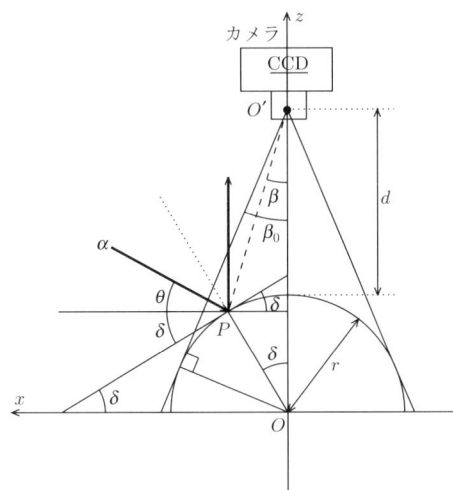

図 **1-14** 半円形状での輝度の計算

① 対象物の見える最大視野角

　カメラのレンズ焦点 O' を通り対象物への接線と z 軸との角度 β_0 が最大の視野角となり (1-11) 式で与えられる.

$$\sin(\beta_0) = r/(r+d) \tag{1-11}$$

そして，見える範囲を β で示すと (1-12) 式となる.

$$-\beta_0 \leqq \beta \leqq \beta_0 \tag{1-12}$$

② 焦点方向への反射光が存在する範囲

　(1-10) 式において，焦点方向への反射光が 0 以上となる角度 β の範囲でしか見えない．この条件は (1-13) 式により示される.

$$0 \leqq \theta + \beta + 2\delta \leqq \pi \tag{1-13}$$

　(1-13) 式に含まれる 2 つの不等号が等号となる条件での δ の値を δ_{11}，δ_{12} とすると，対応する β の値を β_{11}，β_{12} とし，(1-14) 式とする.

$$\begin{aligned}\beta_{11} &= -(\theta + 2\delta_{11}) < 0 \\ \beta_{12} &= \pi - (\theta + 2\delta_{12}) > 0\end{aligned} \tag{1-14}$$

β_{11},β_{12} を，(1-9) 式に代入すると (1-15) 式となるので，δ の正，負となる解を求め δ_{11},δ_{12} とする．

$$-\tan(\theta + 2\delta) = r \cdot \sin(\delta)/(d + r \cdot (1 - \cos(\delta))) \tag{1-15}$$

反射光の存在する β の範囲は，(1-16) 式で示される．

$$\beta_{11} = -(\theta + 2\delta_{11}) \leqq \beta \leqq \beta_{12} = \pi - (\theta + 2\delta_{12}) \tag{1-16}$$

③入射角による対象物に光の当たる限界

z 軸より右側では，一方向光の入射角 (θ) が点 P での接線方向と一致する所までしか光は反射されないので，(1-17) 式となる．

$$\delta = -\theta \tag{1-17}$$

(1-17) 式を満たす β の角度 β_2 は，(1-9) 式より (1-18) 式で与えられる．そして，β の範囲は，(1-19) 式で与えられる．

$$\tan(\beta_2) = r \cdot \sin(-\theta)/(d + r \cdot (1 - \cos(-\theta))) \tag{1-18}$$

$$\beta_2 \leqq \beta \tag{1-19}$$

④対象物の見える範囲

以上より対象物の見える β の範囲は，(1-20) 式で与えられる．

$$-\min(\beta_0, |\beta_{11}|, |\beta_2|) \leqq \beta \leqq \min(\beta_0, \beta_{12}) \tag{1-20}$$

【例題 1.2】

半径 (r) が 5cm の半円の真上に一方向照明を設置する．そして半円形上の輝度分布を推定する．$\theta = \pi/2$ であるので，$R(\beta)$ は (1-21) 式となる．

$$\begin{aligned} R(\beta) &= \alpha \cdot \mu \cdot \sin(\beta + 2\delta + \pi/2) \\ &= \alpha \cdot \mu \cdot \cos(\beta + 2\delta) \end{aligned} \tag{1-21}$$

①対象物の見える最大視野角

(1-11) 式より，$\sin(\beta_0) = 5/35$，$\beta_0 = 0.143$ となる．そして，(1-12) 式の β の範囲は，(1-22) で与えられる．

$$-0.143 \leqq \beta \leqq 0.143 \tag{1-22}$$

②焦点方向への入射光の存在する範囲

β_{11}, β_{12} は，$\theta = \pi/2$ より (1-15) 式を用いて (1-23) 式となる．

$$-\tan(\pi/2 + 2 \cdot \delta) = 5 \cdot \sin(\delta)/(30 + 5 \cdot (1 - \cos(\delta))) \tag{1-23}$$

(1-23) 式を満たす δ の値は，$\delta = 0.1, 0.2, \cdots$ と増加させ (1-23) 式において左右の値がほぼ等しくなる値を δ_0 とし，さらに $\delta = \delta_0 + 0.01, \delta_0 + 0.02, \cdots$ として，左右の値が等しくなる δ の値を求める．この方法で δ を求めると $\delta_{12} = 0.73$, $\delta_{11} = -0.73$ となるので，$\beta_{11} = -0.11$, $\beta_{12} = 0.11$ となる．

そこで，β を満たす範囲は，(1-24) 式となる．

$$-0.11 \leqq \beta \leqq 0.11 \tag{1-24}$$

③入射角による対象物に光の当たる限界

$\delta = -\theta = -\pi/2$ であり，(1-18) 式は (1-25) 式となり，$\beta_2 = -0.143$ となる．

$$\tan(\beta_2) = 5 \cdot \sin(-\pi/2)/(30 + 5 \cdot (1 - \cos(-\pi/2))) \tag{1-25}$$

光の当たる限界は，(1-26) 式となる．

$$-0.143 \leqq \beta \tag{1-26}$$

④対象物の見える範囲

以上より，対象物の見える β の範囲は，(1-27) 式で与えられる．そして輝度分布 $R(\beta)$ は，図 1-15 で与えられる．

$$-0.11 \leqq \beta \leqq 0.11 \tag{1-27}$$

(3) 斜平面の場合

z 軸と斜平面の交点を O とし，交点からカメラのレンズ焦点 O' までの距離を d とする．交点 O から斜平面上の任意の点 P までの距離を x とする（図 1-16）．

点 P と焦点 O' を結ぶ直線と z 軸との間の角度 β は，(1-28) 式で与えられる．

$$\tan(\beta) = x \cdot \cos(\delta)/(d + x \cdot \sin(\delta)) \tag{1-28}$$

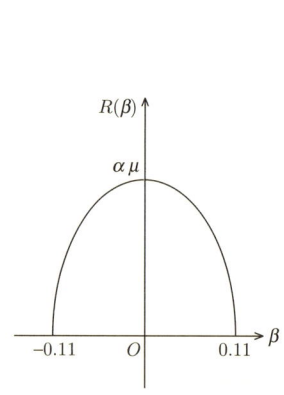
図 1-15　半円形上における輝度変化

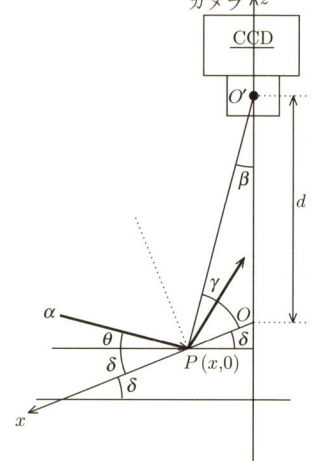
図 1-16　角度のある平面の輝度変化

点 P の焦点方向での輝度値 $R(\beta)$ は，(1-29) 式で与えられる．

$$R(\beta) = \alpha \cdot \mu \cdot \cos(\pi/2 - (\beta + \theta + 2\delta)) \\ = \alpha \cdot \mu \cdot \sin(\beta + \theta + 2\delta) \qquad (1\text{-}29)$$

1.4　色の表示

画像処理では，形状の情報とともに色彩情報も重要であるので，ここでは，その基本となる色彩の表示法について述べる．

色を文字，記号，数値などで定量的に示すことを表色，色の表示といい，日本工業規格 (JIS) では，この方法を標準化して公表している．

1.4.1　JIS-Z8721 準拠標準色票

色彩を細かく系統的に表示するために，JIS-Z8721 では，色を三属性，色相 (Hue)，彩度 (Chroma)，明度 (Value) で示している．

(1)　色相 (Hue)

色の違いを示す尺度であり，写真 1-4 は，色相 (H) の基準として用いられている色相環である．色相の表示基準は，赤 (R)(650^{nm})，黄 (Y)(580^{nm})，緑

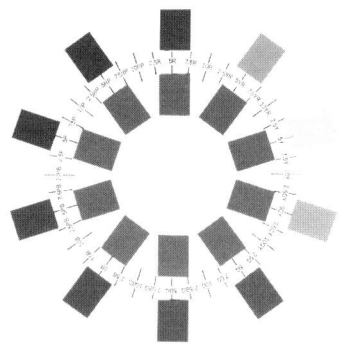

写真 1-4　JIS-Z8721 による色相環 ((財)日本規格協会編,「JIS 標準色票 光沢版」, より転載)

表 1-1　基準色相と 40 色相

基準色相 (H)	40 色相			
	2.5()	5.0()	7.5()	10.0()
赤 (R)	2.5R	5.0R	7.5R	10.0R
黄赤 (YR)	2.5YR	5.0YR	7.5YR	10.0YR
黄 (Y)	2.5Y	5.0Y	7.5Y	10.0Y
黄緑 (GY)	2.5GY	5.0GY	7.5GY	10.0GY
緑 (G)	2.5G	5.0G	7.5G	10.0G
青緑 (BG)	2.5BG	5.0BG	7.5BG	10.0BG
青 (B)	2.5B	5.0B	7.5B	10.0B
青紫 (PB)	2.5PB	5.0PB	7.5PB	10.0PB
紫 (P)	2.5P	5.0P	7.5P	10.0P
赤紫 (RP)	2.5RP	5.0RP	7.5RP	10.0RP

(G)(500^{nm}), 青 (B)(450^{nm}), 紫 (P)(400^{nm}), とそれらの中間色相として, 黄赤 (YR), 黄緑 (GY), 青緑 (BG), 青紫 (PB), 赤紫 (RP) を指定し 10 色の基準色相としている. さらにそれぞれの色を 4 等分した色が数値 (2.5, 5.0, 7.5, 10.0) で示されている. よって, 色相は 40 色であり表 1-1 の記号で示される.

(2) 彩度 (Chroma)

色の鮮やかさを示す尺度であり, 数値で $2, 3, \cdots, 9$ の 8 段階で示す. そして, 数値が大きいほど彩度は高くなり鮮やかである.

(3) 明度 (Value)

色の明るさを示す尺度であり，明度スケールは，理想的な黒を 1 (N_1)，白を 9.5 ($N_{9.5}$)，そして中間は灰色で $N_{1.5}, N_2, N_{2.5}, \cdots, N_9$ の 18 段階で示している．明度の変化のみを示す色を無彩色という．

標準色票では，1 つの色相 (H) を 1 頁で示し，各頁には，彩度 (C) を横軸として 8 段階，明度 (V) を縦軸にして 9 段階に区分し，各区分に 1 つの色を対応させ 20〜40 色の色票（14×18 mm）が配置されており，合計 1928 色が示されている．

1.4.2 画像認識の際に使用する色 (R,G,B)

画像処理ボードへの出力は，R, G, B の個別になっていることから，認識のためには，そのうちの 1 色の輝度値を使用することが多い．そのためには，各色の輝度値において，i 軸（または j 軸）の 1 ライン上で，目的とする対象，または部位と周囲との差が，最も大きく変化する輝度値を有する色を使用する．

1.4.3 RGB 表現から HSV 表現へ

色彩は，三原色の RGB でも表現できるが，その画素が何色なのかを表示することが難しいので，色相 (Hue)，彩度 (Saturation)，明度 (Value) で示される色円柱に変換する方法がある（図 1-17）．色円柱の中心軸は，黒から白を示す無彩色である．

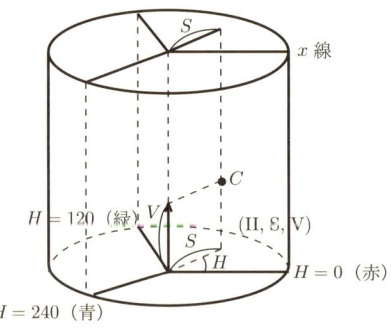

図 1-17 色円柱

1.4.4 RGB から HSV への変換式

RGB から HSV への変換式は，次のように示される．
r_{ij}，g_{ij}，b_{ij} の N_G に対する相対値を (1-30) 式で示す．

$$R_{ij} = r_{ij}/N_G, \quad G_{ij} = g_{ij}/N_G, \quad B_{ij} = b_{ij}/N_G \tag{1-30}$$

明度 (V_{ij})，彩度 (S_{ij}) を (1-31)，(1-32) 式により求める．

$$V_{ij} = \max\{R_{ij}, G_{ij}, B_{ij}\} \tag{1-31}$$

$$S_{ij} = \frac{V_{ij} - X_{ij}}{V_{ij}} \quad (白の量: X_{ij} = \min\{R_{ij}, G_{ij}, B_{ij}\}) \tag{1-32}$$

そして，色相 (H_{ij}) は，V_{ij}，X_{ij} の条件より表 1-2 により求める．明度 (V_{ij})，彩度 (S_{ij}) は，(1-33) 式により整数値に変換する．

$$\begin{aligned} V_{ij} &= [V_{ij} \times 100 + 0.5] \\ S_{ij} &= [S_{ij} \times 100 + 0.5] \end{aligned} \tag{1-33}$$

ここで，[ ] はガウス記号とする．

以上より，明度，彩度，色相は，以下の範囲の値で示される．

表 1-2　H_{ij} の計算式

H の変換式	V の条件	X の条件
$H_{ij} = \left(5 + \dfrac{V_{ij} - B_{ij}}{V_{ij} - X_{ij}}\right) \times 60$	$V_{ij} = R_{ij}$	$X_{ij} = G_{ij}$
$H_{ij} = \left(1 - \dfrac{V_{ij} - G_{ij}}{V_{ij} - X_{ij}}\right) \times 60$	$V_{ij} = R_{ij}$	$X_{ij} = B_{ij}$
$H_{ij} = \left(1 + \dfrac{V_{ij} - R_{ij}}{V_{ij} - X_{ij}}\right) \times 60$	$V_{ij} = G_{ij}$	$X_{ij} = B_{ij}$
$H_{ij} = \left(3 - \dfrac{V_{ij} - B_{ij}}{V_{ij} - X_{ij}}\right) \times 60$	$V_{ij} = G_{ij}$	$X_{ij} = R_{ij}$
$H_{ij} = \left(3 + \dfrac{V_{ij} - G_{ij}}{V_{ij} - X_{ij}}\right) \times 60$	$V_{ij} = B_{ij}$	$X_{ij} = R_{ij}$
$H_{ij} = \left(5 - \dfrac{V_{ij} - R_{ij}}{V_{ij} - X_{ij}}\right) \times 60$	$V_{ij} = B_{ij}$	$X_{ij} = G_{ij}$

明度 (V)　　$0 \leqq V \leqq 100$

彩度 (S)　　$0 \leqq S \leqq 100$

色相 (H)　　$0 \leqq H \leqq 360°$

図 1-18 のように HSV により，色彩を表示することができる．

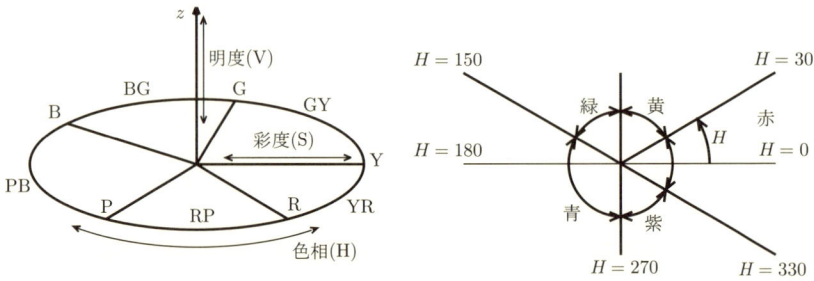

図 1-18 HSV 表現

①色相 (H) は，次の 6 つの範囲で示される．

　　赤の範囲　　$330° \leqq H < 360°$
　　　　　　　　$0° \leqq H < 30°$
　　黄の範囲　　$30° \leqq H < 90°$
　　緑の範囲　　$90° \leqq H < 150°$
　　青の範囲　　$150° \leqq H < 270°$
　　紫の範囲　　$270° \leqq H < 330°$

(S, H) は極座標表示であるので，(1-34) 式により (x, y, V) 座標に変換することができる．

$$\begin{aligned} x &= S \cdot \cos(H) \\ y &= S \cdot \sin(H) \end{aligned} \tag{1-34}$$

②彩度 (S) は，高いほど鮮やかな色となる．

③明度 (V) は明暗を示す軸であり，無彩色といわれ，$(0, 0, V)$ は，$V = 0$ では黒，$V = 100$ では白，その中間は灰色を示す．

【例題 1.3】

取り込んだ画面全体での色彩分布を各画素の RGB から HSV に変換して示すために HSV チャートを提案している．

指定した画像の領域内での画素 (i,j) の HSV の値 (H_{ij}, S_{ij}, V_{ij}) に対して，H は 1～360 のそれぞれの発生度数，S, V は 1～100 のそれぞれの発生度数を求め全画素数 (NT) で基準化した相対度数を求める．そして，各相対度数をグラフ化したものを HSV チャートという（図 1-19）．

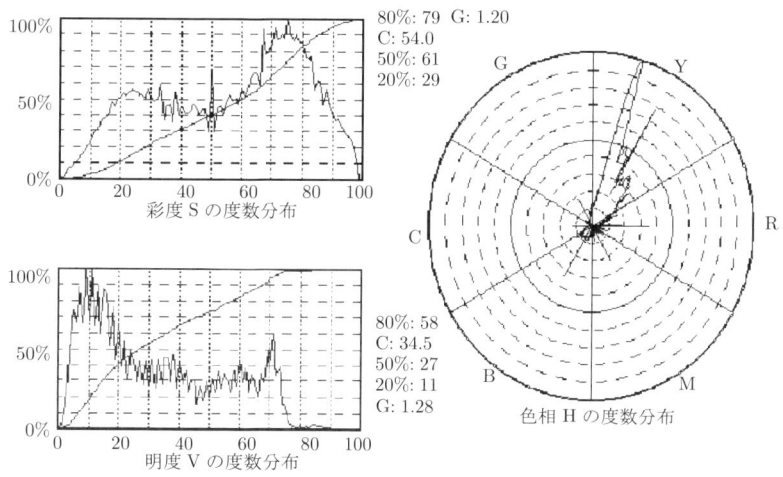

図 1-19　工場内の色彩分布を見るための HSV チャート

1.4.5　カメラの色補正

カメラによってホワイトバランスの調整をする機能を有しているものもあるが，使用する光源により無彩色（黒～白）の彩度が 0 とならないことがある．ここで，ホワイトバランスとは，白，黒が色円柱の $(0,0,V)$ 上になるように調整することである．

基準となる無彩色の色票として，(財) 日本規格協会の無彩色（N_1～N_9）を使用する．画像処理装置に取り込んだ無彩色 $N_s(s=1,\cdots,9)$ に対応する画素の輝度値から (1-33) 式で計算した (x,y,V) の値を $(x_s, y_s, V_s)(s=1,2,\cdots,9)$

とする．

x_s と V_s, y_s と V_s との関係から，x と V, y と V との関係を求め (1-35) 式とする．

$$\begin{aligned} x &= f_1(V) \\ y &= f_2(V) \end{aligned} \qquad (1\text{-}35)$$

そして，任意の明度 (V_0) の色 (x_0, y_0, V_0) の補正として，(1-36) 式を使用する．

$$\begin{aligned} x'_0 &= x_0 - f_1(V_0) \\ y'_0 &= y_0 - f_2(V_0) \end{aligned} \qquad (1\text{-}36)$$

補正した色 (x'_0, y'_0, V_0) が色円柱での色と推定する．

1.4.6 光源色の補正

光源の種類により，無彩色の値 $(x_s, y_s, V_s)(s = 1, 2, \cdots, 9)$ の傾向，すなわち (1-35) 式の関係が異なる．画像処理に使用される光源として自然光，ハロゲン光源，蛍光灯などがあり，それぞれで色の表示が異なるため，各光源について (1-35) 式を求め，特性を明確にして色の推定の際に使用する．

【例題 1.4】

光源の色彩特性を調べるために，蛍光灯，昼光色フィルタ付光源（自然光の代用），ハロゲン光源の下での無彩色 $N_s(s = 1, 2, \cdots, 9)$ の色票測定値を色相・彩度面上 (x, y) で示した．蛍光灯は，サークラインを用いているので，色票の真上から，昼光色フィルタ付光源，およびハロゲン光源は，色票に対して 45° の方向から照射している．その際，JIS 標準色票 $(14 \times 18\text{mm})$ を CCD の視野全体に取り込んでいる．

図 1-20 では，使用したカメラの絞りは手動であり，基準色票：白 (N_9) の入力画像の V の値を $20, \cdots, 80$ に設定した場合である．

その結果ハロゲン光源では，明度の低い無彩色ほど水色（シアン）が濃くなり，暗い水色として取り込まれる．また，昼光色フィルタ付光源，蛍光灯では，全ての無彩色が青みがかった色として取り込まれる．

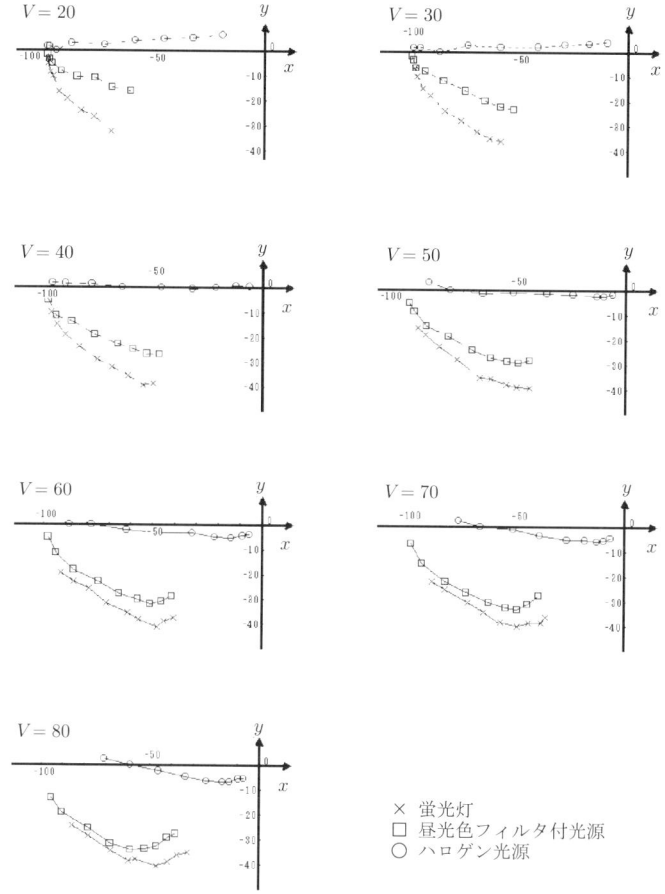

図 1-20　光源の種類による無彩色の色相・彩度（手動絞り）

　さらに，図 1-21 に自動絞りのカメラを用いて，自然光，蛍光灯，ハロゲン光源を用いた場合の無彩色の色彩特性を同様に調べた結果を示した．

　自然光と蛍光灯では，色彩への影響は同じであり，対象物は青みを帯びる傾向がある．また，ハロゲン光源では，明度が高くなると赤色に見える傾向がある．

　以上の結果から，画像処理により色を取り扱う場合には，カメラの種類，光源の種類などを考慮しなければならない．

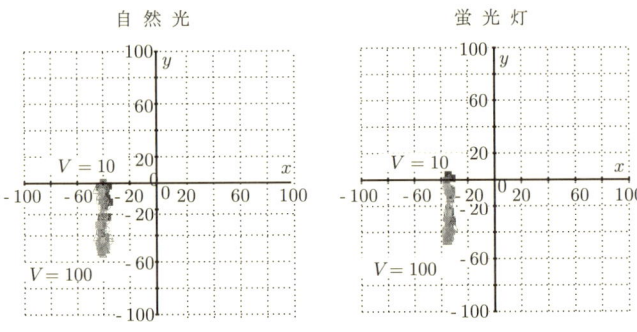
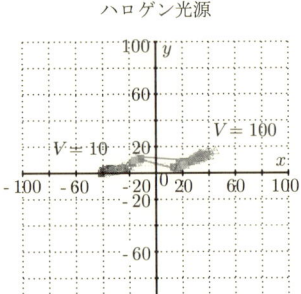

図 1-21 光源の種類による無彩色の色相・彩度（自動絞り）

■参考文献

[1] ソニー (株), カラービデオカメラ取り扱い説明書.
[2] (社) 日本機械学会編：『機械工学事典』, p.493, 日本機械学会, (1997).
[3] 日本規格協会編：『JIS ハンドブック「色彩」』, 日本規格協会, (1988).
[4] 日本規格協会編：『JIS-Z 8721 準拠 JIS 標準色票光沢版解説書』, 日本規格協会, (1989).
[5] 尾上他：『画像処理ハンドブック』, 昭晃堂, (1987).
[6] S. ハリントン, 郡山：『アルゴリズムとプログラムによるコンピュータグラフィックス』, マグロウヒル, (1988).
[7] 黒田, 他 3 名：工場内カラーデザイン評価法に関する研究 (第 1 報), 日本機械学会論文集 (C 編), Vol.57, No.541, pp.3056–3061, (1991).
[8] 黒田勉, 大崎紘一, 梶原康博：工場内カラーデザイン評価法に関する研究 (第 2 報), 日本機械学会論文集 (C 編), Vol.59, No.565, pp.2876–2881, (1993).
[9] 大崎紘一, 李森, 梶原康博, 宗澤良臣, 住友謙一：モニター監視における照明による配色の視認性に関する研究, 日本経営工学論文誌, Vol.52, No.2, pp.117–124, (2001).

第2章

基本的な画像処理手法

本章では，画像の特徴を抽出するための基本的な画像処理手法について述べる．入力画像において (2-1) 式に示す画素 (i,j) の輝度値を $BV(i,j)$ (r_{ij}, g_{ij}, b_{ij} のいずれか) とする．

$$BV(i,j), \quad \begin{matrix} i = 0, 1, 2, \cdots, NI \\ j = 0, 1, 2, \cdots, NJ \end{matrix} \quad 0 \leqq BV(i,j) \leqq N_G \quad \text{(2-1)}$$

2.1 輝度ヒストグラム（輝度分布）

$(NI+1) \times (NJ+1)$ 個の画素について，輝度値が B となる画素の個数，すなわち，度数 $F(B)$ を輝度ヒストグラムという．度数 $F(B)$ は，(2-2) 式で計算する．

$$F(B) = \left((i,j) \text{の個数} \left| \begin{matrix} BV(i,j) = B \\ 0 \leqq i \leqq NI \\ 0 \leqq j \leqq NJ \end{matrix} \right. \right), \quad B = 0, 1, 2, \cdots, N_G \quad \text{(2-2)}$$

ヒストグラムは，入力画像の輝度値の分布の全体像を示すために使用する．このヒストグラムではいくつかの輝度の異なった広い領域がある場合に，図 2-1 に示すように山と谷とが現れ領域間の輝度の違いを示すことができる．

2.2 二値化，多値化

認識を目的とした入力画像では，背景と対象物とをできるだけ輝度値の差を大きくして取り込めるように照明を設定する．しかし，視野内全体を一様にすることは難しく，入力画像は，輝度値 $0 \sim N_G$ の N_G+1 階調で示されている

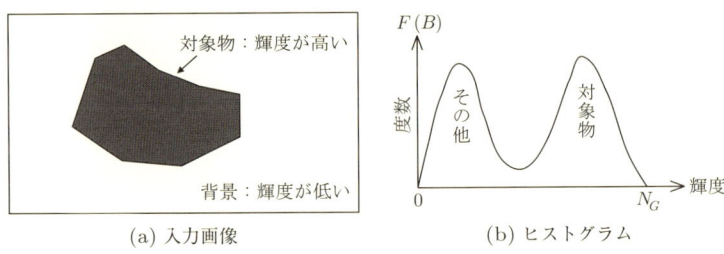

図 2-1　輝度ヒストグラム

ため，対象物と背景との輝度差を 0 と N_G の 2 つにする処理を二値化，0～N_G の間を多段階に区分して輝度を決める方法を多値化といい，画像処理で最もよく使用される方法である．

2.2.1　二値化

二値化とは，0～N_G の輝度で示されている入力画像を，与えたしきい値 NB 未満の輝度値は 0，しきい値以上の輝度値は N_G に変換することである．入力画像の輝度値を $BV(i,j)$，しきい値を NB とすると二値化画像の輝度値 $FV(i,j)$ は，(2-3) 式で与えられる．

$$FV(i,j) = \begin{cases} N_G : BV(i,j) \geqq NB \\ 0 \;\;\; : BV(i,j) < NB \end{cases} \tag{2-3}$$
$$i = 0, 1, 2, \cdots, NI, \quad j = 0, 1, 2, \cdots, NJ$$

【例題 2.1】

図 2-2(a) の入力画像に対して二値化を行う．なお，図中の数字は画素の輝度値を示しているものとし，輝度値は 8 階調 ($2^3 = 7 + 1$) とする．

①しきい値を 5 にした場合の二値化後の画像を図 2-2(b) に示している．
②しきい値を 6 にした場合の二値化後の画像を図 2-2(c) に示している．

2.2.2　多値化

多値化は，幾つかのしきい値を与え，入力画像の輝度を輝度領域に分割

	i									
	0	1	2	3	4	5	6	7	8	9
0	0	0	1	0	0	1	1	1	2	1
1	2	2	4	2	5	5	5	1	3	1
2	1	4	3	5	6	6	5	2	4	2
3	0	3	5	6	7	6	5	2	4	0
4	0	5	5	7	7	6	5	4	3	0
5	2	5	5	6	7	6	5	4	3	1
6	2	5	5	5	5	5	5	3	4	1
7	3	3	3	3	4	4	4	3	2	2
8	1	2	3	4	2	4	3	2	3	2
9	1	2	1	0	0	1	0	1	1	1

(a) 入力画像（$8 = 2^3$ 階調）

	i									
	0	1	2	3	4	5	6	7	8	9
0	0	0	0	0	0	0	0	0	0	0
1	0	0	0	0	7	7	7	0	0	0
2	0	0	0	7	7	7	7	0	0	0
3	0	0	7	7	7	7	7	0	0	0
4	0	7	7	7	7	7	7	0	0	0
5	0	7	7	7	7	7	7	0	0	0
6	0	7	7	7	7	7	7	0	0	0
7	0	0	0	0	0	0	0	0	0	0
8	0	0	0	0	0	0	0	0	0	0
9	0	0	0	0	0	0	0	0	0	0

(b) 二値化画像（しきい値：5）

	i									
	0	1	2	3	4	5	6	7	8	9
0	0	0	0	0	0	0	0	0	0	0
1	0	0	0	0	0	0	0	0	0	0
2	0	0	0	0	7	7	0	0	0	0
3	0	0	0	7	7	7	0	0	0	0
4	0	0	0	7	7	7	0	0	0	0
5	0	0	0	0	7	7	0	0	0	0
6	0	0	0	0	0	0	0	0	0	0
7	0	0	0	0	0	0	0	0	0	0
8	0	0	0	0	0	0	0	0	0	0
9	0	0	0	0	0	0	0	0	0	0

(c) 二値化画像（しきい値：6）

図 **2-2**　入力画像と二値化後の画像

する．

NB_q, $q = 0, 1, 2, \cdots, NQ$ を多値化のしきい値とする．

$NB_0 = 0$, $NB_{NQ} = N_G$ とすると，多値化は (2-4) 式で与えられる．q 番目の輝度領域を (NB_{q-1}, NB_q) とする．

$$FV(i,j) = (NB_q | NB_{q-1} \leqq BV(i,j) < NB_q) \tag{2-4}$$
$$q = 1, 2, \cdots, NQ$$

ただし，$q = NQ$ の領域には，$BV(i,j) = N_G$ の画素を含ませる．

2.2.3　二値化のためのしきい値決定法

しきい値 (NB) の決定法としては，輝度ヒストグラムで谷の部分を示す輝度値をしきい値とするモード法が一般的である（図 2-3）．

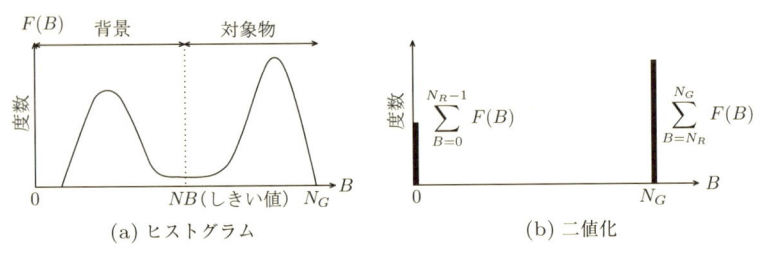

図 **2-3** モード法による二値化

(1) 輝度ヒストグラムを見て
輝度ヒストグラムにおいて対象物とその他の部分の間の谷の値からしきい値を決定する．

(2) モード法
統計学では，モード値は度数分布 $F(B)$ が最大値を示す輝度値 B である．二値化でのしきい値の場合には，度数分布 $F(B)$ が最小値を示す輝度値 NB を (2-5) 式で求める．

$$F(NB) = \min_{0 \leq B \leq N_G} F(B) \tag{2-5}$$

モード法によるしきい値は，輝度値 NB とする．

(3) P タイル法
輝度値の高い N_G からある輝度値までのヒストグラムの累積値を計算し，ヒストグラムの総頻度で割った値が与えられた比率 p に等しくなる輝度値 NN_p の値を (2-6) 式より求め，しきい値 NB とする（図 2-4）．

$$p = \sum_{B=NN_P}^{N_G} F(B) \Big/ \sum_{B=0}^{N_G} F(B) \tag{2-6}$$

しきい値：$NB = NN_p$

【例題 2.2】
図 2-5 に示される入力画像に対して比率 p を 25%，または 50% にした場合のそれぞれのしきい値 NB を求める．なお，図中の数字は画素の輝度値を示しているものとし，輝度値は 8 階調 ($2^3 = 7 + 1$) とする．

2.2 二値化, 多値化　29

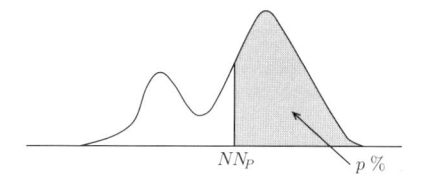

図 2-4　P タイル法による二値化

図 2-5　P タイル法によるしきい値決定のための入力画像の輝度値

表 2-1　輝度ヒストグラム

B	$F(B)$	累積値	比率 (p)
0	14	100	1.00
1	14	86	0.86
2	10	72	0.72
3	2	70	0.70
4	10	60	0.60
5	25	50	0.50
6	15	25	0.25
7	10	10	0.10
合計	100		

画像内の全画素数は, 100 画素である. また, 輝度ヒストグラム, 累積値, 比率 p を表 2-1 に示している.

上記の結果から比率 p を 25% にした場合には, $NN_{0.25} = 6$ であるので, しきい値 (NB) は 6 となり, 比率 p を 50% にした場合には, $NN_{0.50} = 5$ であるので, しきい値 NB は 5 となる.

2.2.4　二値化後のヒストグラム

二値化画像の $FV(i,j)$ で画素値が N_G を示す画素について, i 軸, j 軸に関するヒストグラムを (2-7) 式で求める (図 2-6).

$$HI_i = \{j\text{ の個数} | FV(i,j) = N_G, j = 0, \cdots, NJ\}$$
$$HJ_j = \{i\text{ の個数} | FV(i,j) = N_G, i = 0, \cdots, NI\}$$
(2-7)

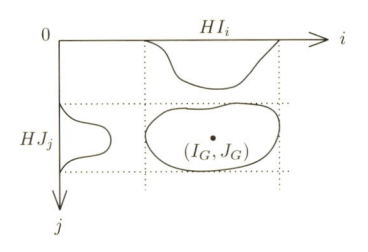

図 2-6 i 軸，j 軸に関するヒストグラム

2.3 重心位置および面積

2.3.1 重心位置の計算

二値化処理後の各軸のヒストグラム HI_i, HJ_j を使用して，重心位置 (I_G, J_G) を (2-8) 式で計算する．

$$I_G = \sum_{i=0}^{NI} i \cdot HI_i / \sum_{i=0}^{NI} HI_i$$
$$J_G = \sum_{j=0}^{NJ} j \cdot HJ_j / \sum_{j=0}^{NJ} HJ_j \qquad (2\text{-}8)$$
$$\sum_{i=0}^{NI} HI_i = \sum_{j=0}^{NJ} HJ_j = SS$$

【例題 2.3】

図 2-7 に示す二値化処理後の画像内にある対象物 (輝度値が $N_G = 2^3 - 1 = 7$) の重心を求める．なお，図中の数字は画素の輝度値 $(0, 7)$ を示しているものとし，輝度値は 8 階調 (2^3) とする．

ヒストグラム HI_i, HJ_j をそれぞれ求め，以下に示す．

$HI_0 = 0$, $HI_1 = 4$, $HI_2 = 5$, $HI_3 = 5$, $HI_4 = 6$,

$HI_5 = 6$, $HI_6 = 6$, $HI_7 = 0$, $HI_8 = 0$, $HI_9 = 0$

$HJ_0 = 0$, $HJ_1 = 3$, $HJ_2 = 4$, $HJ_3 = 5$, $HJ_4 = 6$,

	i											
	0	1	2	3	4	5	6	7	8	9	HJ_j	
0	0	0	0	0	0	0	0	0	0	0	0	
1	0	0	0	0	7	7	7	0	0	0	3	
2	0	0	0	7	7	7	7	0	0	0	4	
3	0	0	7	7	7	7	7	0	0	0	5	
j 4	0	7	7	7	7	7	7	0	0	0	6	
5	0	7	7	7	7	7	7	0	0	0	6	
6	0	7	7	7	7	7	7	0	0	0	6	
7	0	7	7	0	0	0	0	0	0	0	2	
8	0	0	0	0	0	0	0	0	0	0	0	
9	0	0	0	0	0	0	0	0	0	0	0	
HI_i	0	4	5	5	6	6	6	0	0	0	32	SS

図 2-7 二値化画像における重心位置の計算

$HJ_5 = 6,\ HJ_6 = 6,\ HJ_7 = 2,\ HJ_8 = 0,\ HJ_9 = 0$

よって，対象物の重心位置 (I_G, J_G) は (2-8) 式より $(3.7, 4.1)$ となる．

$$I_G = \frac{0 \times 0 + 1 \times 4 + 2 \times 5 + 3 \times 5 + 4 \times 6 + 5 \times 6 + 6 \times 6 + 7 \times 0 + 8 \times 0 + 9 \times 0}{0 + 4 + 5 + 5 + 6 + 6 + 6 + 0 + 0 + 0}$$
$$= 119/32 \fallingdotseq 3.7$$

$$J_G = \frac{0 \times 0 + 1 \times 3 + 2 \times 4 + 3 \times 5 + 4 \times 6 + 5 \times 6 + 6 \times 6 + 7 \times 2 + 8 \times 0 + 9 \times 0}{0 + 3 + 4 + 5 + 6 + 6 + 6 + 2 + 0 + 0}$$
$$= 130/32 \fallingdotseq 4.1$$

2.3.2　面積の計算

二値化処理後の輝度値 $FV(i,j)$ を使用して，面積 SS を (2-9) 式で計算する．

$$SS = \left((i,j) \text{の個数} \left| \begin{array}{l} FV(i,j) = N_G \\ i = 0, 1, \cdots, NI \\ j = 0, 1, \cdots, NJ \end{array} \right. \right) = \sum_{i=0}^{NI} HI_i = \sum_{j=0}^{NJ} HJ_j \quad (2\text{-}9)$$

【例題 2.4】

図 2-8 に示す二値化処理後の画像内にある対象物（輝度値が 7 $(N_G = 2^3 - 1)$）の面積を求める．なお，図中の数字は画素の輝度値を表しているものとし，輝度値は 8 階調 (2^3) とする．

```
      i
   0 1 2 3 4 5 6 7 8 9
 0 0 0 0 0 0 0 0 0 0 0
 1 0 0 0 0 7 7 7 0 0 0
 2 0 0 0 7 7 7 7 0 0 0
 3 0 0 7 7 7 7 7 0 0 0
j 4 0 7 7 7 7 7 7 0 0 0
 5 0 7 7 7 7 7 7 0 0 0
 6 0 7 7 7 7 7 7 0 0 0
 7 0 7 7 7 0 0 0 0 0 0
 8 0 7 7 0 0 0 0 0 0 0
 9 0 0 0 0 0 0 0 0 0 0
```

図 **2-8** 面積計算のための二値化画像

二値化画像内で輝度値 ($FV(i,j)$) が $N_G = 7$ となる画素は，全部で 32 画素であるため，対象物の面積 SS は 32 となる．

2.4 ラベリング法

ラベリングとは，二値化画像において同じ輝度を持つ近傍画素を連結して，まとまった1つの領域として区別する方法である．この連結された領域のことを連結成分という．そして，この連結成分に対して，それぞれにつける番号をラベルといい，一般には $1, 2, 3, \cdots$ と番号をつける．このラベリングにより，二値化画像内で点在している領域の個数やそれぞれの面積，重心などを計算することができる．

二値化画像 $FV(i,j)$ の画素 (i,j) において，ラベリングは次のように行う．

2.4.1 4連結法によるラベリング

ある画素 (i,j) で $FV(i,j) = N_G$ とすると，水平，垂直方向の隣接する4画素（4近傍という）での値が N_G であれば，連結有りとして (2-10) 式により連結を示す値 $S(i,j)$ を以下のように決定する．そのさい画素 (i,j) のラベルを ℓ，すなわち $S(i,j) = \ell$ とする．

$$\begin{pmatrix} FV(i,j+1) = FV(i,j) & \to & S(i,j+1) = \ell \\ \text{or} & & \\ FV(i,j-1) = FV(i,j) & \to & S(i,j-1) = \ell \\ \text{or} & & \\ FV(i-1,j) = FV(i,j) & \to & S(i-1,j) = \ell \\ \text{or} & & \\ FV(i+1,j) = FV(i,j) & \to & S(i+1,j) = \ell \end{pmatrix} \quad (2\text{-}10)$$

2.4.2　8連結法によるラベリング

8連結のラベリングでは，4連結の方向に加え，(2-11)式の斜め方向の4画素も加えて8方向（8近傍という）で連結を求める．

$$\begin{pmatrix} FV(i+1,j+1) = FV(i,j) & \to & S(i+1,j+1) = \ell \\ \text{or} & & \\ FV(i+1,j-1) = FV(i,j) & \to & S(i+1,j-1) = \ell \\ \text{or} & & \\ FV(i-1,j+1) = FV(i,j) & \to & S(i-1,j+1) = \ell \\ \text{or} & & \\ FV(i-1,j-1) = FV(i,j) & \to & S(i-1,j-1) = \ell \end{pmatrix} \quad (2\text{-}11)$$

2.4.3　ラベリング手順

全域でのラベリングは次の手順で行う．

① $\ell = 1$ とする．

　画素 (i,j) を原点 $(0,0)$ から i 方向に調べて，最初に N_G となった画素を (i_0, j_0) とする．

　　$FV(i_0, j_0) = N_G$

(i_0, j_0) のラベル値を $S(i_0, j_0) = \ell = 1$ とする．(i_0, j_0) を基点にして4または8連結法により同一領域とみなせる画素 (i,j) のラベル値を $S(i,j) = \ell = 1$ とする．$S(i,j) = \ell = 1$ の点 (i,j) から4または8連結法の条件が成立しなくなれば，ラベル $\ell = 1$ の領域は終了する．

② $\ell = \ell + 1$ とする.

①と同様にして,ラベル値 $S(i, j) = \ell$ を有する領域を決定する.

③以下同様にして,$FV(i, j) = N_G$ がなくなるまでラベル化を行う.以上によりラベリングを終了する.

そして各ラベルの領域について以下の計算を行う.

①ラベル値 $S(i, j) = \ell$ を有する領域の重心位置 (IG_ℓ, JG_ℓ) を求める.
②ラベル値 $S(i, j) = \ell$ を有する領域の画素数を求め,面積 SS_ℓ とする.

【例題 2.5】

図 2-9(a) において,二値化後の輝度値を,0 を・印で示し,N_G を●印で示す.図 (b) は 4 連結によるラベリング結果を示している.ラベリングされた領域は 5 つとなる.図 (c) は 8 連結によるラベリングの結果であり,この場合は一つの領域となる.

(a) 二値化画像

(b) 4 連結ラベリングの場合

(c) 8 連結ラベリングの場合

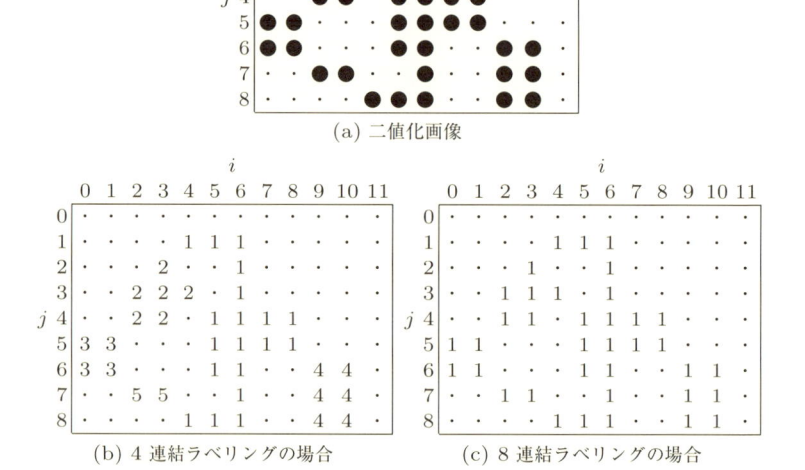

図 **2-9** 4 連結,8 連結のラベリングの例

2.5 フェレ径

ラベリング処理を行った後の各ラベルを有する領域の大きさを示すために，水平方向（i 軸）および垂直方向（j 軸）のフェレ径を用いる．図 2-10 に示すラベル ℓ を有する i 軸の最小値，最大値を $IMIN(\ell)$, $IMAX(\ell)$ とする．また，j 軸の最小値，最大値を $JMIN(\ell)$, $JMAX(\ell)$ とする．ℓ ラベルの水平方向フェレ径を $IF(\ell)$，垂直方向フェレ径を $JF(\ell)$ とすると，それらは (2-12) 式で与えられる．

$$IF(\ell) = IMAX(\ell) - IMIN(\ell) + 1$$
$$JF(\ell) = JMAX(\ell) - JMIN(\ell) + 1 \tag{2-12}$$

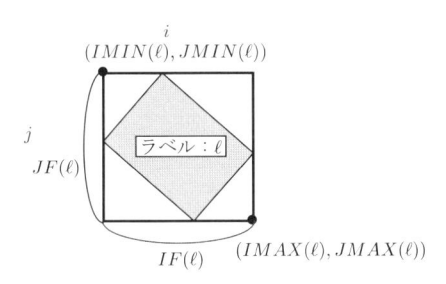

図 2-10 フェレ径

【例題 2.6】

図 2-11 は入力画像に対してラベリング処理を行った画像である．画像内にある 2 つの対象物（ラベルが 1 または 2）の水平および垂直方向フェレ径を求める．図中の数字はラベル値を示している．

ラベル 1 の対象物の領域は，i 軸では $IMIN(1) = 1$, $IMAX(1) = 4$ であり，j 軸では $JMIN(1) = 1$, $JMAX(1) = 5$ である．対象物は $(1,1)$-$(4,5)$ で示される長方形内にあり，フェレ径は (2-13) 式で求められる．

$$IF(1) = IMAX(1) - IMIN(1) + 1 = 4 - 1 + 1 = 4$$
$$JF(1) = JMAX(1) - JMIN(1) + 1 = 5 - 1 + 1 = 5 \tag{2-13}$$

同様に，ラベル 2 の対象物の領域は，i 軸では $IMIN(2) = 4$, $IMAX(2) = 8$

```
        i
   0 1 2 3 4 5 6 7 8 9
 0 0 0 0 0 0 0 0 0 0 0
 1 0 1 1 0 0 0 0 0 0 0
 2 0 1 1 1 0 0 0 0 0 0
 3 0 1 1 1 1 0 0 0 0 0
j 4 0 1 1 1 0 0 2 0 0 0
 5 0 1 1 0 0 2 2 2 0 0
 6 0 0 0 0 2 2 2 2 2 0
 7 0 0 0 0 2 2 2 2 0 0
 8 0 0 0 0 0 2 0 0 0 0
 9 0 0 0 0 0 0 0 0 0 0
```

図 2-11　フェレ径計算のためのラベリングを行った画像

であり，j 軸では $JMIN(2) = 4, JMAX(2) = 8$ である．対象物は $(4,4)$-$(8,8)$ で示される矩形内にあり，フェレ径は (2-14) 式で求められる．

$$
\begin{aligned}
IF(2) &= IMAX(2) - IMIN(2) + 1 = 8 - 4 + 1 = 5 \\
JF(2) &= JMAX(2) - JMIN(2) + 1 = 8 - 4 + 1 = 5
\end{aligned}
\tag{2-14}
$$

2.6　雑音除去（平滑化処理），（ノイズフィルタ）

雑音（ノイズ）とは画像にランダムに点在する少数の画素からなる周りの輝度とは異なる小さな領域のことである．このような雑音が入ったままで次の処理を行うと良い結果を得ることができないので，除去するほうが望ましいので除去法について述べる．

2.6.1　メディアンフィルタ

ある画素の輝度を近接する 4～8 画素の中央値で置き換える方法で，斑点状の雑音除去に向いている．

(1)　4 画素（4 近傍）の場合

入力画像の画素 (i,j) の輝度値を $BV(i,j)$ とすると，図 2-12(a) に示す相隣る 4 画素（4 近傍）$(i, j-1)$, $(i, j+1)$, $(i-1, j)$, $(i+1, j)$ の輝度値 $BV(i, j-1)$, $BV(i, j+1)$, $BV(i-1, j)$, $BV(i+1, j)$ のメディアン（中央値）を画素 (i,j) の輝度値とする．

$$BV(i, j-1),\ BV(i, j+1),\ BV(i-1, j),\ BV(i+1, j)$$

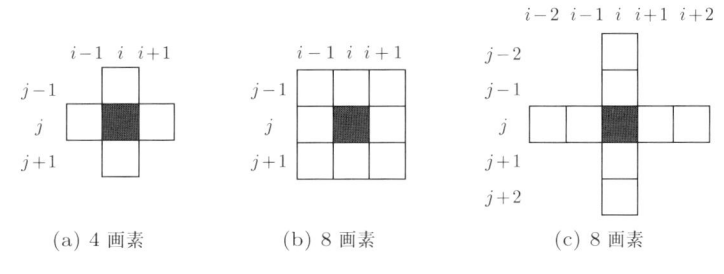

図 2-12 メディアンフィルタの近接する画素の例

これらを小さい順に並べ，BQ_m, $m = 1, 2, 3, 4$ とする．

$$BQ_1, \ BQ_2, \ BQ_3, \ BQ_4$$

画素 (i, j) の輝度値 $RV(i, j)$ は，BQ_m のメディアンとして (2-15) 式で与える．

$$RV(i, j) = (BQ_2 + BQ_3)/2 \tag{2-15}$$

(2) 8 画素の場合

8 画素の場合には，画素の選び方により 2 通りの方法がある．

①画素 (i, j) を囲む 8 画素（8 近傍）（図 2-12(b)）の輝度値のメディアンを画素 (i, j) の輝度値とする．

$$BV(i, j-1), BV(i+1, j-1), BV(i+1, j), BV(i+1, j+1),$$
$$BV(i, j+1), BV(i-1, j+1), BV(i-1, j), BV(i-1, j-1)$$

これらを小さい順に並べ，BQ_m, $m = 1, 2, \cdots, 8$ とする．

$$BQ_1, BQ_2, BQ_3, BQ_4, BQ_5, BQ_6, BQ_7, BQ_8$$

画素 (i, j) の輝度値 $RV(i, j)$ は，BQ_m のメディアンとして (2-16) 式で与える．

$$RV(i, j) = (BQ_4 + BQ_5)/2 \tag{2-16}$$

②画素 (i, j) の 4 近傍で 2 画素ずつ調べる方法（図 2-12(c)）であり，次の 8 画素とする．

$$BV(i,j-2), BV(i,j-1), BV(i,j+1), BV(i,j+2),$$
$$BV(i-2,j), BV(i-1,j), BV(i+1,j), BV(i+2,j)$$

メディアンの求め方は，①の方法と同じである．

【例題 2.7】

図 2-13 に示す入力画像に対して，4 近傍，および 8 近傍のメディアンフィルタを行う．なお，図中の数字は画素の輝度値を示しているものとし，輝度値は 8 階調 (2^3) とする．

	0	1	2	3	4	5	6	7	8	9
0	0	0	0	0	0	0	0	0	0	0
1	0	0	0	0	0	0	0	0	0	0
2	0	0	3	7	5	5	6	5	0	0
3	0	0	5	7	7	7	5	4	0	0
4	0	0	5	4	0	7	4	4	0	0
5	0	0	4	7	0	7	5	0	0	0
6	0	0	4	7	7	7	0	0	0	0
7	0	0	0	5	5	0	0	7	0	0
8	0	0	0	0	0	0	0	0	0	0
9	0	0	0	0	0	0	0	0	0	0

図 2-13 入力画像

(A) 4 画素のメディアンフィルタの場合

入力画像（図 2-13）において，4 画素のメディアンフィルタを行った結果を図 2-14 に示している．

例えば，画素 (3,3) の輝度値は次のように計算できる．4 近傍の輝度値はそれぞれ 7, 4, 5, 7 であり，小さい順に並べると 4, 5, 7, 7 となる．その結果，画素 (3,3) の輝度値は，(2-17) 式で求められ 6 となる．他の画素での輝度値 $RV(i,j)$ は，小数点以下は切り捨てた値とする．

$$RV(3,3) = (5+7)/2 = 6 \tag{2-17}$$

(B) 8 画素（8 近傍）によるメディアンフィルタの場合

入力画像（図 2-13）において，画素 (i,j) を囲む 8 近傍によるメディアンフィルタを行った結果を図 2-15 に示している．

2.6 雑音除去（平滑化処理），（ノイズフィルタ）　　39

	0	1	2	3	4	5	6	7	8	9
0	0	0	0	0	0	0	0	0	0	0
1	0	0	0	0	0	0	0	0	0	0
2	0	0	2	4	6	5	5	2	0	0
3	0	0	4	6	6	6	5	4	0	0
4	0	0	4	6	5	5	5	2	0	0
5	0	0	4	4	7	6	2	2	0	0
6	0	0	2	6	6	3	2	0	0	0
7	0	0	2	2	2	2	0	0	0	0
8	0	0	0	0	0	0	0	0	0	0
9	0	0	0	0	0	0	0	0	0	0

図 **2-14** 4 近傍のメディアンフィルタ

	0	1	2	3	4	5	6	7	8	9
0	0	0	0	0	0	0	0	0	0	0
1	0	0	0	0	0	0	0	0	0	0
2	0	0	0	4	6	5	4	0	0	0
3	0	0	3	5	6	5	5	4	0	0
4	0	0	4	5	7	5	5	2	0	0
5	0	0	4	4	7	4	4	0	0	0
6	0	0	2	4	6	2	2	0	0	0
7	0	0	0	2	2	0	0	0	0	0
8	0	0	0	0	0	0	0	0	0	0
9	0	0	0	0	0	0	0	0	0	0

図 **2-15** 8 近傍のメディアンフィルタ

例として $(3,3)$ の画素について考える．画素 $(3,3)$ を囲む 8 近傍の画素の輝度値はそれぞれ 3, 7, 5, 5, 7, 5, 4, 0 である．これらを小さい順に並べると 0, 3, 4, 5, 5, 5, 7, 7 となる．その結果，小さい順に並べた輝度値の 4 番目の輝度値 5 と 5 番目の輝度値 5 から $(3,3)$ の画素の輝度値 $RV(3,3)$ は 5 となる．輝度値 $RV(i,j)$ は，小数点以下を切り捨てた値とする．

(C) 画素 (i,j) の 4 近傍で 2 画素ずつの 8 画素によるメディアンフィルタの場合

入力画像（図 2-13）において，画素 (i,j) の 4 近傍で 2 画素ずつの 8 画素によるメディアンフィルタを行った結果を図 2-16 に示している．輝度値 $RV(i,j)$ は，小数点以下を切り捨てた値とする．

	0	1	2	3	4	5	6	7	8	9
0	0	0	0	0	0	0	0	0	0	0
1	0	0	0	0	0	0	0	0	0	0
2	0	0	2	3	4	5	4	2	0	0
3	0	0	3	6	5	6	4	2	0	0
4	0	0	3	7	5	4	4	2	0	0
5	0	0	2	4	6	6	0	4	0	0
6	0	0	2	4	2	3	2	0	0	0
7	0	0	2	0	0	5	0	0	0	0
8	0	0	0	0	0	0	0	0	0	0
9	0	0	0	0	0	0	0	0	0	0

図 **2-16** 4 近傍の 2 画素ずつの 8 画素によるメディアンフィルタ

2.6.2 拡散，収縮処理

収縮は，二値化画像においてある画素の輝度値を相隣る画素の輝度値を参照して 0 にする処理であり，拡散はその逆で N_G にする処理である．

(1) 境界での拡散，収縮の処理

境界での拡散・収縮の処理方法を以下に示している．

①上側境界：$FV(i, j-1) = 0$ and $FV(i, j) = N_G$ なら，

  拡散：$FV(i, j-1) = N_G$

  収縮：$FV(i, j) = 0$

②下側境界：$FV(i, j+1) = 0$ and $FV(i, j) = N_G$ なら，

  拡散：$FV(i, j+1) = N_G$

  収縮：$FV(i, j) = 0$

③左側境界：$FV(i-1, j) = 0$ and $FV(i, j) = N_G$ なら，

  拡散：$FV(i-1, j) = N_G$

  収縮：$FV(i, j) = 0$

④右側境界：$FV(i+1, j) = 0$ and $FV(i, j) = N_G$ なら，

  拡散：$FV(i+1, j) = N_G$

  収縮：$FV(i, j) = 0$

(2) 境界以外での拡散，収縮の処理

任意の画素 (i, j) において，4 近傍の輝度値を参照して拡散，収縮を行う．

①拡散処理

 $FV(i, j) = 0$ で，4 近傍 $(i-1, j), (i+1, j), (i, j-1), (i, j+1)$ のいずれかの画素の輝度値が N_G，すなわち $FV(i-1, j) = N_G$ or $FV(i+1, j) = N_G$ or $FV(i, j-1) = N_G$ or $FV(i, j+1) = N_G$ ならば，$FV(i, j) = N_G$ とする．

②収縮処理

 $FV(i, j) = N_G$ で，4 近傍 $(i-1, j), (i+1, j), (i, j-1), (i, j+1)$ のい

ずれかの画素の輝度値が 0,すなわち $FV(i-1,j) = 0$ or $FV(i+1,j) = 0$ or $FV(i,j-1) = 0$ or $FV(i,j+1) = 0$ ならば,$FV(i,j) = 0$ とする.

(3) 拡散,収縮処理手順について

① 拡散は $FV(i,j) = 0$,収縮は $FV(i,j) = N_G$ の画素を対象にして行う.
② 画面の左上から順に各画素において拡散,または収縮を行う画素であるかの判定を行う.
③ 全画素について判定を行った後で,条件を満たす画素の輝度値を 0 または N_G とする.

【例題 2.8】

図 2-17 の二値化画像 (a) に対し,左側は拡散,収縮,右側は収縮,拡散の処理を行った画像を (b),(c) に示している.

左側の拡散,収縮の処理では,孤立 1 点は除外できないが,境界線の内部の 1 点の抜けは埋められている.また,右側の収縮,拡張の順の処理では,1 点の孤立点は除外できるが,境界線内の抜けは埋められないのと,元の形状と異なるものとなる.

2.6.3 ラベリングにおける面積による雑音除去

2.6.2 項の拡散・収縮では 1 画素の雑音には効果を見せるが,複数の画素からなるある程度の面積を有する雑音を除去することはできない.ラベリングでは,連結した領域に番号づけを行うので,その際,各ラベルを有する領域の面積から,与えた画素数以下のラベルを有する領域を雑音(ノイズ)として除去する.

2.7 エッジ処理(微分処理)

入力画像の中で,輝度差の大きいところに注目し,画像の特徴として取り出すことをエッジ処理という.輝度差は,エッジで面が変わったり,背景となることにより生じる.エッジは,対象物の輪郭線,面上の輝度の大きな差を示す線分の部分やある領域を示す部分となる.エッジを求める手法は一般にエッジ処理といい,各種の手法が提案されている.

(a) 二値化原画像   (a) 二値化原画像

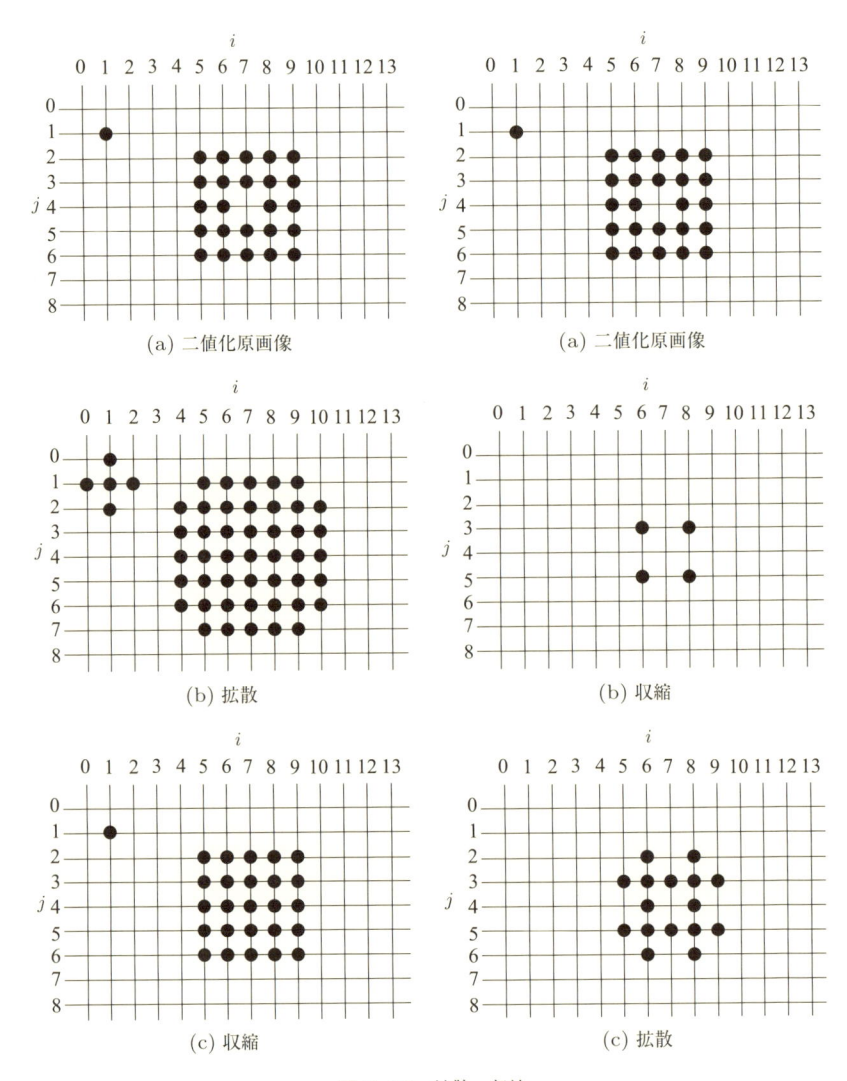

(b) 拡散   (b) 収縮

(c) 収縮   (c) 拡散

図 **2-17** 拡散・収縮

2.7.1 一方向によるエッジ処理

i 軸または j 軸の一方向での輝度差からエッジを求める．

(1) i 軸方向

入力画像の画素 (i, j) における輝度値 $BV(i, j)$ と画素 $(i-1, j)$ の輝度値

$BV(i-1, j)$ から，輝度差 $DVI(i,j)$ を (2-18) 式から求める．

$$DVI(i,j) = |BV(i,j) - BV(i-1,j)| \qquad (2\text{-}18)$$

$DVI(i,j)$ に対するしきい値 (DV_0) を与え，

$$DVI(i,j) > DV_0$$

を満たす画素 (i,j) をエッジ点とする．この場合には，i 軸に平行に輝度が一定な直線線分がエッジである場合には，最初の点と最後の点がエッジとして検出され，その間はエッジ点とならない．

(2) j 軸方向

j 軸方向で同様な計算を (2-19) 式で行う．

$$DVJ(i,j) = |BV(i,j) - BV(i,j-1)| \qquad (2\text{-}19)$$

そして，しきい値 DVJ_0 を与え，

$$DVJ(i,j) > DVJ_0$$

を満たす画素 (i,j) をエッジ点とする．j 軸方向のエッジ処理では，j 軸に平行な直線線分の部分がエッジとならないため，i 軸方向と併用しなければならない．

2.7.2 マスクオペレータによるエッジ処理

ある画素 (i,j) を中心にした近傍画素の輝度値を用いて，画素 (i,j) のエッジ決定のための輝度傾斜値を求める方法をマスクオペレータという．マスクパターンの使用法およびそれらに乗ずるウェイトの与え方により，種々の方法が提案されている．ここでは，線形オペレータ法についてのみ述べる．

画素 (i,j) の周囲 8 画素の輝度値の全てあるいは一部を使用して，エッジ判定のための傾斜値 $EV(i,j)$ と傾斜方向 $EC(i,j)$ を計算する．

(1) Sobel 法

i 軸，j 軸方向の輝度変化に対するマスクオペレータをそれぞれ用意して，輝度変化値を計算する．

① i 軸方向の輝度変化

マスクオペレータのウェイトとして図 2-18 を用いて，輝度変化値 $DVI(i,j)$ を (2-20) 式で計算する．

$$\begin{aligned} DVI(i,j) = & BV(i+1,j+1) + 2BV(i+1,j) \\ & + BV(i+1,j-1) - BV(i-1,j+1) \\ & - 2BV(i-1,j) - BV(i-1,j-1) \end{aligned} \quad (2\text{-}20)$$

	$i-1$	i	$i+1$
$j-1$	-1	0	1
j	-2		2
$j+1$	-1	0	1

図 2-18 i 軸方向のマスクパターン

② j 軸方向の輝度変化

マスクオペレータのウェイトとして図 2-19 を用いて，輝度変化値 $DVJ(i,j)$ を (2-21) 式で計算する．

$$\begin{aligned} DVJ(i,j) = & BV(i+1,j+1) + 2BV(i,j+1) \\ & + BV(i-1,j+1) - BV(i+1,j-1) \\ & - 2BV(i,j-1) - BV(i-1,j-1) \end{aligned} \quad (2\text{-}21)$$

	$i-1$	i	$i+1$
$j-1$	-1	-2	-1
j	0		0
$j+1$	1	2	1

図 2-19 j 軸方向のマスクパターン

③傾斜値と傾斜方向の計算

画素 (i,j) の傾斜値 $EV(i,j)$ を $DVI(i,j)$，$DVJ(i,j)$ を用いて (2-22) 式で求める．

$$EV(i,j) = \sqrt{DVI(i,j)^2 + DVJ(i,j)^2} \tag{2-22}$$

また，傾斜値の方向である傾斜方向 $EC(i,j)$ は (2-23) 式で求める．

$$EC(i,j) = \tan^{-1}(DVJ(i,j)/DVI(i,j)) \tag{2-23}$$

そして，しきい値 EV_0 を与え，(2-25) 式を満たす画素 (i,j) をエッジ点とする．

$$EV(i,j) > EV_0 \tag{2-24}$$

(2) Forsen 法

2つのマスクオペレータのウェイト (A)，(B) が図 2-20 のように与えられている．

	i	$i+1$
j	1	0
$j+1$	0	-1

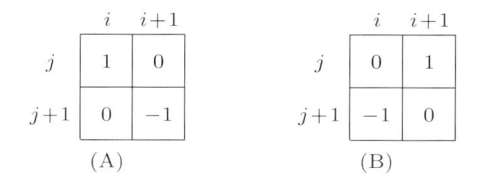

(A)

	i	$i+1$
j	0	1
$j+1$	-1	0

(B)

図 2-20 Forsen 法のマスクパターン

マスクオペレータ (A)，(B) を用いて，輝度変化値 $DVA(i,j)$，$DVB(i,j)$ を (2-25) 式で計算する．

$$\begin{aligned} DVA(i,j) &= BV(i,j) - BV(i+1,j+1) \\ DVB(i,j) &= BV(i+1,j) - BV(i,j+1) \end{aligned} \tag{2-25}$$

そして，傾斜値 $EV(i,j)$ を (2-26) 式で計算する．エッジ点は，傾斜値が (2-27) 式を満たす画素 (i,j) とする．

$$EV(i,j) = |DVA(i,j)| + |DVB(i,j)| \tag{2-26}$$

$$EV(i,j) > EV_0 \tag{2-27}$$

【例題 2.9】

図 2-21 に示す入力画像に対して Sobel 法，および Forsen 法によりエッジ処理を行った結果を図 2-22，図 2-23 に示している．なお Sobel 法では，$EV(i,j)$

の値は小数点以下を切り捨てた値を示している．また，Sobel 法ではしきい値を 20 とし， Forsen 法ではしきい値を 6 とした場合のエッジ点をそれぞれ図 2-24，図 2-25 に示している．なお，図中の 1 つのセルが画素を示し，セル内の数値が輝度値を示しているものとする．入力画像の輝度値は 8 階調 (2^3) とする．

j \ i	0	1	2	3	4	5	6	7	8	9
0	0	0	0	0	0	0	0	0	0	0
1	0	0	0	0	0	0	0	0	0	0
2	0	0	0	0	0	4	4	4	0	0
3	0	0	0	0	4	6	6	4	0	0
4	0	0	0	4	6	7	6	4	0	0
5	0	0	4	6	7	7	6	4	0	0
6	0	0	4	6	6	6	6	4	0	0
7	0	0	4	4	4	4	4	4	0	0
8	0	0	0	0	0	0	0	0	0	0
9	0	0	0	0	0	0	0	0	0	0

図 2-21　入力画像

j \ i	0	1	2	3	4	5	6	7	8	9
0	0	0	0	0	0	0	0	0	0	0
1	0	0	0	0	5	12	16	12	5	0
2	0	0	0	5	19	24	22	19	12	0
3	0	0	5	19	26	16	9	22	16	0
4	0	5	19	26	18	5	11	24	16	0
5	0	12	24	16	5	2	11	24	16	0
6	0	16	22	9	11	11	9	22	16	0
7	0	12	19	22	24	24	22	19	12	0
8	0	5	12	16	16	16	16	12	5	0
9	0	0	0	0	0	0	0	0	0	0

図 2-22　Sobel 法によるエッジ処理

j \ i	0	1	2	3	4	5	6	7	8	9
0	0	0	0	0	0	0	0	0	0	0
1	0	0	0	0	4	8	8	4	0	0
2	0	0	0	4	6	4	2	8	0	0
3	0	0	4	6	3	1	4	8	0	0
4	0	4	6	3	1	2	4	8	0	0
5	0	8	4	1	2	1	4	8	0	0
6	0	8	2	4	4	4	2	8	0	0
7	0	4	8	8	8	8	8	4	0	0
8	0	0	0	0	0	0	0	0	0	0
9	0	0	0	0	0	0	0	0	0	0

図 2-23　Forsen 法によるエッジ処理

2.8　細線化処理

細線化処理とは，図 2-26 に示す二値化画像の中にある画像の連結性を保存したまま，1 画素からなる連続した線（画素列）にする方法である．その際，線の位置は領域の中心に合わせるようにする．

細線化の処理方法としては，図形の上下左右から同数で削除するもの，小さな凹凸によりひげ (余分な枝) を生じさせないものなどいくつかの手法が提案され

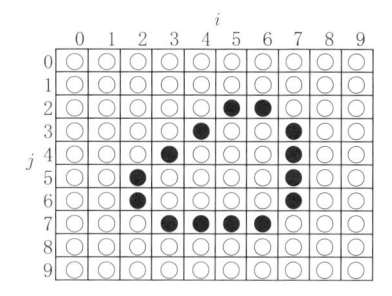

図 2-24 Sobel 法によるエッジ点
（しきい値：20）

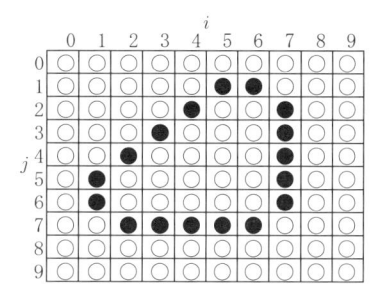

図 2-25 Forsen 法によるエッジ点
（しきい値：6）

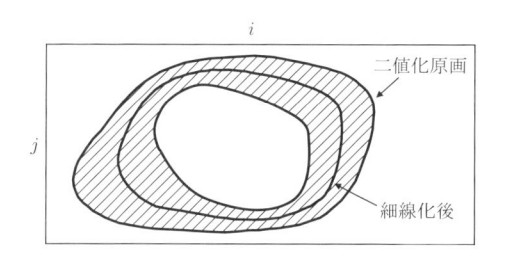

図 2-26 細線化処理

ている．以下では，著者らが提案した基本的な細線化手法の手順について説明する．ただし，画像は二値化画像であり対象物上の画素の輝度値を N_G とし，背景の輝度値を 0 とする．また，2 つのしきい値 K_1, K_2 を $N_G > K_1 > K_2 > 0$ となるように定める．

(1) 対象物を示す領域内の画素 (i, j) の輝度値は $FV(i, j) = N_G$ とする．画素 (i, j) の 4 近傍の画素 $(i-1, j), (i+1, j), (i, j-1), (i, j+1)$ の中で輝度値が K_2 以下である画素が 1 つでも含まれている場合には，画素 (i, j) は対象物の輪郭点であるとする．

そして，画素 (i, j) が輪郭点である場合にのみ以降の処理を行う．

(2) 画素 (i, j) の 8 近傍の画素 $(i-1, j-1), (i-1, j), (i-1, j+1), (i, j-1), (i, j+1), (i+1, j-1), (i+1, j), (i+1, j+1)$ の中で輝度値が K_1 以上である画素の集合を (2-28) 式より求め，$PR(n)(n = 1, 2, \cdots, 7)$ とする．ここで n は，集合に含まれる画素の個数とする．

$$PR(n) = \left\{ (ii, jj) \;\middle|\; \begin{array}{l} FV(ii,jj) > K1 \\ ii = i-1, i, i+1 \\ jj = j-1, j, j+1 \\ (i,j) \text{ は除く} \end{array} \right\} \tag{2-28}$$

(3) 集合 $PR(n)$ に含まれる画素の個数 (n) により以下の条件から画素 (i,j) を除去する画素であるか，除去しない画素であるかを決定する．また，除去する画素であると決定した場合には，その画素の輝度値を Nb とする．ただし，Nb は $K_1 > Nb > K_2$ となる定数とする．

① $n=1$ の場合

　　枝の先端であるとし，画素 (i,j) を除去しない画素とする．

② $n=2$ の場合

　　$PR(2)$ に含まれる 2 つの画素 (ii_1, jj_1), (ii_2, jj_2) が i 軸または j 軸上で隣り合って接しているかを (2-29) 式を用いて判定し，接しているときは画素 (i,j) を除去する画素とし，$FV(i,j) = N_b$ として計算を続ける．

$$\begin{cases} |ii_1 - ii_2| + |jj_1 - jj_2| = 1 & : \quad \text{2 つの画素は接している．} \\ |ii_1 - ii_2| + |jj_1 - jj_2| > 1 & : \quad \text{2 つの画素は接していない．} \end{cases} \tag{2-29}$$

その他の場合は画素 (i,j) を除去しない画素とする．

③ $n=3$ の場合

　　画素 (i,j) を除去しない画素とする．

④ $n=4\sim 6$ の場合

　　$PR(n)$ 内の画素において (2-30) 式の条件を満たす場合には画素 (i,j) を除去しない画素とする．

$$\begin{cases} FV(i-1,j) < K_1 \quad \text{and} \quad FV(i+1,j) < K_1 \\ \qquad \text{or} \\ FV(i,j-1) < K_1 \quad \text{and} \quad FV(i,j+1) < K_1 \\ \qquad \text{or} \\ FV(i-1,j+1) < K_1 \quad \text{and} \quad FV(i+1,j-1) < K_1 \\ \qquad \text{or} \\ FV(i-1,j-1) < K_1 \quad \text{and} \quad FV(i+1,j+1) < K_1 \end{cases} \tag{2-30}$$

その他の場合は画素 (i,j) を除去する画素とし，$FV(i,j) = N_b$ として計算を続ける．

⑤ $n = 7$ の場合

画素 (i,j) を除去する画素とし，$FV(i,j) = N_b$ として計算を続ける．

(4) (1)～(3) の処理を画像内の全ての画素に対して行い，除去する画素を決定する．決定後，除去する画素（輝度値が Nb の画素）については同時に除去するものとする．これらの処理を除去する画素が無くなるまで繰り返し行うことで，細線化を行う．

【例題 2.10】

図 2-27 に示す二値化画像に対して細線化処理を行う．

黒丸の輝度値 $FV(i,j)$ は，$7(= 2^3 - 1)$ とし，他の輝度値は 0 とする．また，$K_1 = 6$，$K_2 = 1$，$Nb = 3$ として，細線化処理を行う．

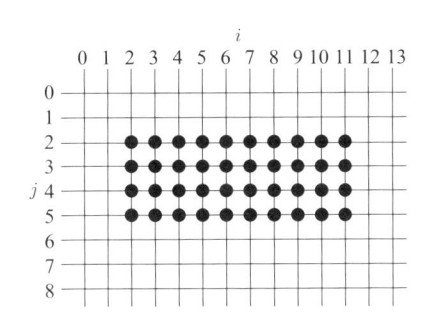

図 2-27 二値化画像

(A) 図 2-28 に示す画素 $PX_1 = (2,2)$ の場合

① 4 近傍の画素の中で輝度値が K_2 以下である画素が 2 つ $\{(1,2),(2,1)\}$ 含まれているので，画素 PX_1 は対象物の輪郭線上の点であると認識する．
② 画素 PX_1 の 8 近傍の画素の中で輝度値が K_1 以上である画素が 3 点（図中の▲印）存在しているので，除去しない画素と決定される．

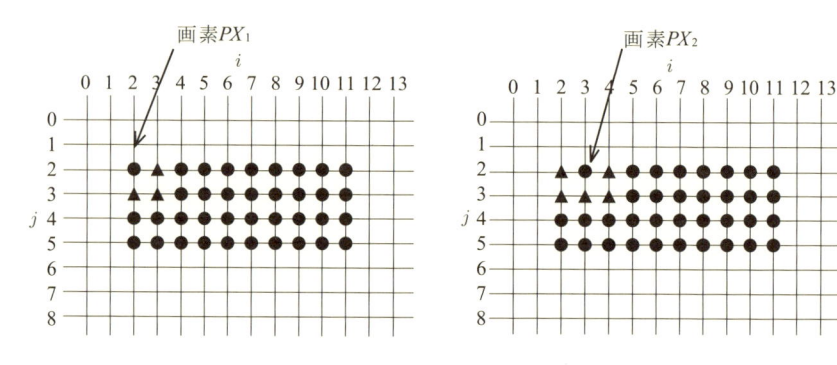

図 2-28 画素 PX_1 に着目した場合　　図 2-29 画素 PX_2 に着目した場合

(B) 図 2-29 に示す画素 $PX_2 = (3, 2)$ の場合

① 4 近傍の画素の中で輝度値が K_2 以下である画素が 1 つ $(3, 1)$ が含まれているので，画素 PX_2 は対象物の輪郭線上の点であると認識する．

② 画素 PX_2 の 8 近傍の画素の中で輝度値が K_1 以上である画素が 5 点（図中の▲印）存在し，それらの 5 点は (2-30) 式に示す条件を満たしていないことから，画素 PX_2 は除去する画素であると決定する．

(C) 対象物上の全ての画素について除去する画素を決定した結果，図 2-30 に示す〇印を除去する画素と決定する．そして，〇印の画素を除去し，同様に 2 回目の処理を行うことで，図 2-31 に示す〇印の画素を新たに除去する画素として決定し，3 回目の処理により図 2-32 に示す〇印の画素を新たに除去する画素として決定する．

(D) 3 回の除去により得られた画像を図 2-33 に示す．そして，図中の画素 PX_3 の場合について除去の判定を行う．

① 4 近傍の画素の中で輝度値が K_2 以下である画素が 2 つ（上，下）含まれているので，図 2-33 中の画素 PX_3 は対象物の輪郭上の点であると認識する．

② 画素 PX_3 の 8 近傍の画素の中で輝度値が K_1 以上である画素が 2 点（図中の▲印）存在し，それらの 2 画素が隣り合っていないことから画素 PX_3 は除去しない画素であると決定する．

③ 図中の 8 画素については全て除去しない画素となる．

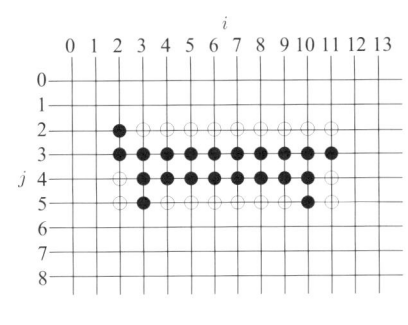

図 2-30 除去する画素（1 回目）

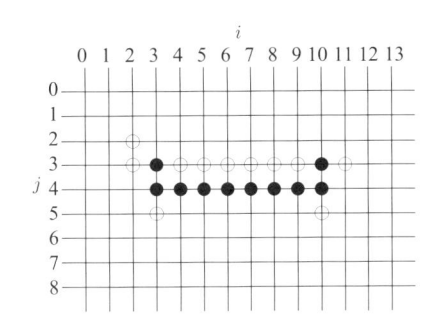

図 2-31 除去する画素（2 回目）

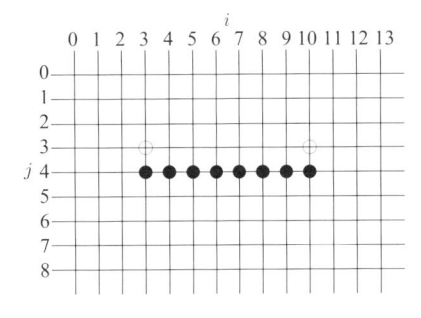

図 2-32 除去する画素（3 回目）

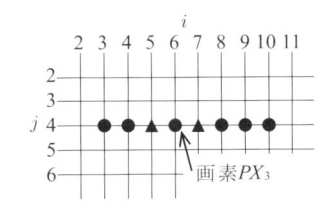

図 2-33 細線化処理後

　全ての画素が除去しない画素となることから，細線化処理が終了したこととする．その結果，入力画像に対して細線化処理を行うことにより図 2-33 に示される線幅 1 の図形が得られる．

【例題 2.11】

　図 2-34 に示す二値化画像に対して細線化処理を行うことにより図 2-35 中の●印に示される画素 1 の図形が得られる．また，図中の○印は細線化処理により除去する画素と決定したものを示している．

【例題 2.12】

　図 2-36 に示す二値化画像に対して細線化処理を行うことにより図 2-37 中の●印に示す画素 1 の図形が得られる．

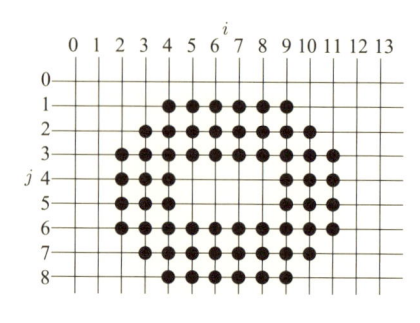

図 2-34 二値化画像

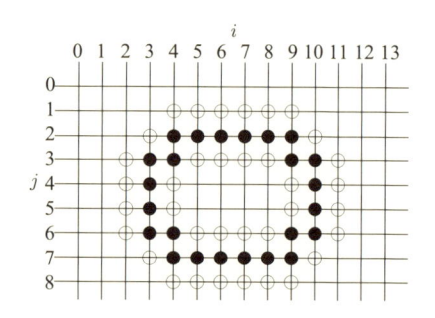

図 2-35 細線化処理後の画像

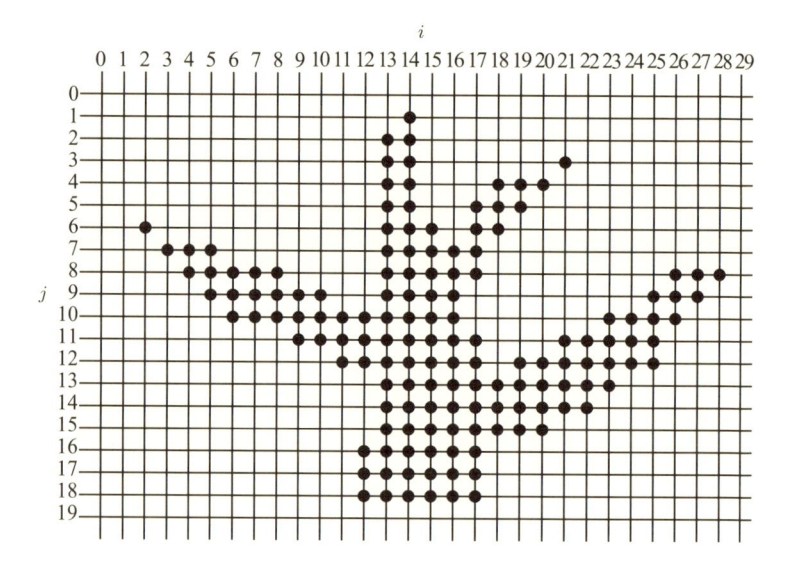

図 2-36 二値化画像

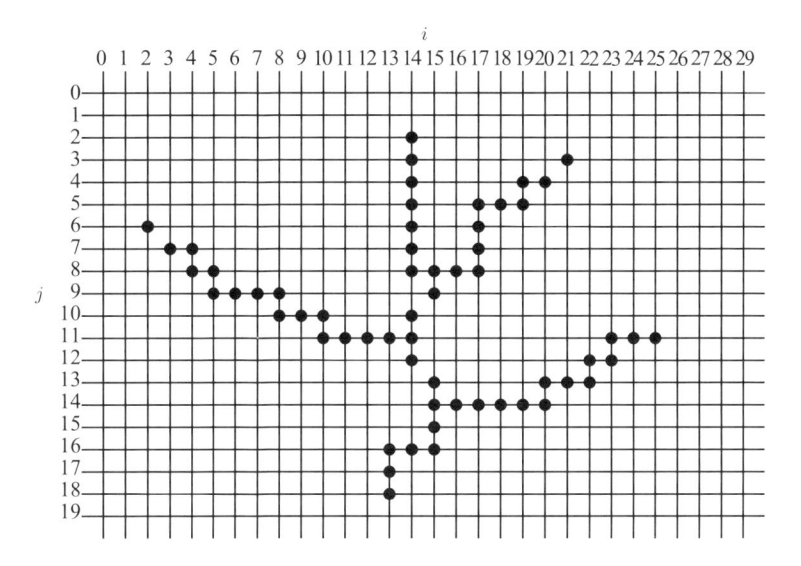

図 **2-37**　細線化処理後の画像

2.9　輪郭線抽出法

対象物の輪郭線は，対象物の外形を認識する上で最も有用な特徴量である．そこで，輪郭線抽出法により対象物の輪郭線を抽出する手順を述べる．

入力画像の輝度値に対してしきい値を与え，その値より大きくなるいちばん外側の画素を輪郭点と見なし，$C_q(CI_q, CJ_q)$ とする．

輪郭点を求める抽出法の手順を以下で説明する．

(1) しきい値を R_0 とする．

(2) 中心位置 (i_0, j_0) での輝度値 $BV(i_0, j_0)$ と 4 近傍の画素 $(i_0, j_0 - 1)$, $(i_0, j_0 + 1)$, $(i_0 - 1, j_0)$, $(i_0 + 1, j_0)$ の輝度値について (2-31) 式が成立すれば中心位置 (i_0, j_0) は輪郭点である．

$$BV(i_0, j_0) < R_0 \quad \text{でかつ,}$$
$$BV(i_0 - 1, j_0) > R_0 \ \text{or} \ BV(i_0 + 1, j_0) > R_0 \ \text{or}$$
$$BV(i_0, j_0 - 1) > R_0 \ \text{or} \ BV(i_0, j_0 + 1) > R_0 \tag{2-31}$$

(3) 輪郭点を求めるために中心位置 (i_0, j_0) において周囲の 8 近傍の画素に対する番号と記号を次のように定める．

① 図 2-38 において，右下の画素 (i_0+1, j_0+1) を 1，画素 (i_0+1, j_0) を 2 と左回りに番号をつけ，画素 (i_0, j_0+1) の番号を 8 とする．

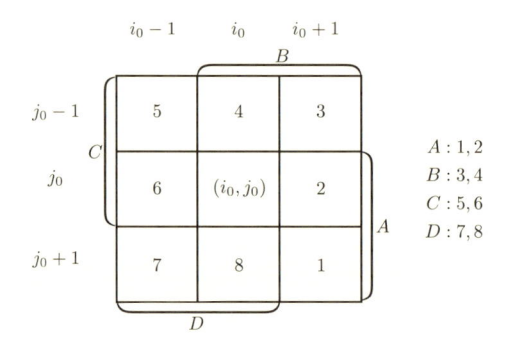

```
           i_0-1    i_0    i_0+1
                     B
  j_0-1  |  5  |  4  |  3  |
       C |                    
   j_0   |  6  |(i_0,j_0)| 2 |      A: 1,2
         |                    A     B: 3,4
                                    C: 5,6
  j_0+1  |  7  |  8  |  1  |        D: 7,8
                     D
```

図 2-38 画素 (i_0, j_0) を中心とした記号と番号との関係

② この番号の小さい順の 2 つずつの，1, 2 を A，3, 4 を B，5, 6 を C，7, 8 を D と 4 種類の記号をつける（表 2-2）．

表 2-2 8 画素につけた番号と記号

記号	A		B		C		D	
番号	1	2	3	4	5	6	7	8

③ 輪郭点を判定するために，8 近傍の画素のどの位置を始点にするかを方向 SD_q で示す．SD_q は上記の A，B，C，D のいずれかである．ここで添字 q は，手順の繰返しを示すステップ番号とする．

(4) 初期値としての輪郭点 $C_1(CI_1, CJ_1)$，方向 SD_1 を与える．

(5) 一般の q-ステップにおいて，輪郭点 $C_q(CI_q, CJ_q)$，方向 SD_q から次の輪郭点 $C_{q+1}(CI_{q+1}, CJ_{q+1})$，方向 SD_{q+1} を求める．

① 方向 SD_q の値 A，B，C，D により表 2-3 に示す始点を p_1 とし，左回りに $p_1, p_2, p_3, p_4, \cdots, p_8$ とする．$C_q(CI_q, CJ_q)$ を中心にして $p_1, p_2, p_3, \cdots, p_l, \cdots, p_8$ の画素での輝度値を $BBp_1, BBp_2, \cdots, BBp_l, \cdots, BBp_8$ とおく．

表 2-3 記号と始点 (p_1) の位置との関係

方向：SD_q	始点の位置 (p_1)
A	1
B	3
C	5
D	7

② (2-32) 式を満たす最初の位置 p_{l+1} を輪郭点の画素 $C_{q+1}(CI_{q+1}, CJ_{q+1})$ とする．そして p_{l+1} に対応する記号 (A, B, C, D の 1 つ) を，SD_{q+1} とする．

$$BBp_l > R_0 > BBp_{l+1} \tag{2-32}$$

ただし，(2-32) 式において $l = 8$ の場合には，p_{8+1} は p_1 とする．

③ 位置 p_{l+1} の画素が，直前のステップで選ばれた輪郭点の画素と一致する場合には，次に輪郭条件を満たす位置 p_{l+1} について調べ，その位置を輪郭点 $C_{q+1}(CI_{q+1}, CJ_{q+1})$ とする．そして，方向 SD_{q+1} は決定した輪郭点の位置に対応する記号 A, B, C, D のいずれかとする．

④ 上記の手順を繰り返す．そして，$C_{q+1}(CI_{q+1}, CJ_{q+1})$ が初期値 $C_1(CI_1, CJ_1)$ に戻ったならば，手順を終了する．求まった画素を輪郭点 $C_q(CI_q, CJ_q)$，$q = 1, 2, \cdots, N$ を対象物の輪郭線とする．

【例題 2.13】

図 2-39 は，手法の理解をしやすくするために二値化した画像であり，●印は N_G を示すことにする．そして，画素 $C_1(1,5)$ を最初の輪郭点とし，方向 $SD_1 = A$ を与える．そこから 4 点の輪郭点を求める．ここで，$R_0 = N_G/2$ とする．

(1) ステップ 1

最初の輪郭点は $C_1(1,5)$ であり，与えた方向 $SD_1 = A$ であるので，位置 $p_1 = 1$ から輝度値を調べる．

方向	$SD_1 = A$	A		B		C		D	
位置	p_l	1	2	3	4	5	6	7	8
輝度	BBp_l	N_G	N_G	N_G	(0)	0	0	0	0

$BB_3 = N_G > R_0 = N_G/2 > BB_4 = 0$ が成立するので，位置 $p_4 = 4$ に対

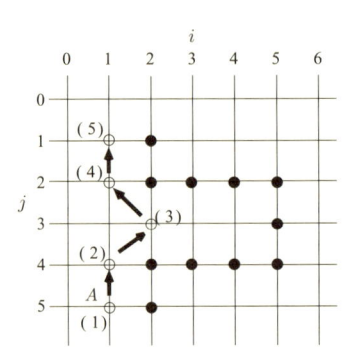

図 2-39 求めた輪郭線

応する画素 $(1,4)$ を輪郭点 $C_2(1,4)$，方向 $SD_2 = B$ とする．以下では，R_0 を省略する．

(2) ステップ 2

輪郭点 $C_2(1,4)$ では，方向 $SD_2 = B$ であるので，位置 $p_1 = 3$ から輝度値を調べる．

方向	$SD_2 = B$	B		C		D		A	
位置	p_l	3	4	5	6	7	8	1	2
輝度	BBp_l	(0)	0	0	0	0	0	N_G	N_G

$BB_2 = N_G > R_0 = N_G/2 > BB_3 = 0$ が成立するので，位置 $p_1 = 3$ に対応する画素 $(2,3)$ を輪郭点 $C_3(2,3)$，方向 $SD_3 = B$ とする．

(3) ステップ 3

輪郭点 $C_3(2,3)$ では，方向 $SD_3 = B$ であるので，位置 $p_1 = 3$ から輝度値を調べる．

方向	$SD_3(B)$	B		C		D		A	
位置	p_l	3	4	5	6	7	8	1	2
輝度	BBp_l	N_G	N_G	(0)	0	0	N_G	N_G	0

$BB_4 = N_G > BB_5 = 0$，$BB_1 = N_G > BB_2 = 0$ と 2 箇所で条件を満たすが，最初に条件を満たすほうを選ぶこととしているので $BB_4 > BB_5$ の位置に決める．位置 $p_3 = 5$ に対応する画素 $(1,2)$ を輪郭点 $C_4(1,2)$，方向 $SD_4 = C$ とする．

(4) ステップ 4

輪郭点 $C_4(1,2)$ では，方向 $SD_4 = C$ であるので，位置 $p_1 = 5$ から輝度値を調べる．

方向	$SD_4 = C$	C		D		A		B	
位置	p_l	5	6	7	8	1	2	3	4
輝度	BBp_l	0	0	0	0	0	N_G	N_G	(0)

$BB3 = N_G > BB4 = 0$ が成立するので，位置 $p_8 = 4$ に対応する画素 $(1,1)$ を輪郭点 $C_5(1,1)$，方向 $SD_5 = B$ とする．

以上で，与えられた最初の輪郭点 $C_1(1,5)$ から 4 点の輪郭点を求めることができる．

【例題 2.14】

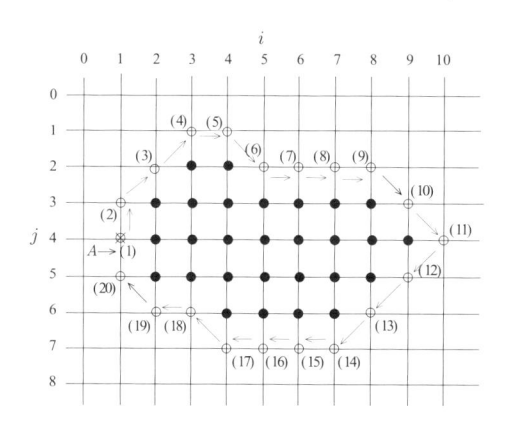

図 2-40 に示す二値化画像において，●印 (N_G) の外側全体の輪郭線を求める．初期値の輪郭点を $C_1(1,4)$ とし，方向 $SD_1 = A$ を与える．以下では 5 点までの輪郭点の求め方を示している．ここで，$R_0 = N_G/2$ とする．

図 2-40 求めた輪郭線

(1) ステップ 1

輪郭点 $C_1(1,4)$ では，方向 $SD_1 = A$ であるので，位置 $p_1 = 1$ から輝度値を調べる．

方向	$SD_1 = A$	A		B		C		D	
位置	p_l	1	2	3	4	5	6	7	8
輝度	BBp_l	N_G	N_G	N_G	(0)	0	0	0	0

$BB_3 = N_G > R_0 = N_G/2 > BB_4 = 0$ が成立するので，位置 $p_4 = 4$ に対応する画素 $(1,3)$ を輪郭点 $C_2(1,3)$，方向 $SD_2 = B$ とする．以下では，R_0 を省略する．

(2) ステップ 2

輪郭点 $C_2(1,3)$ では，方向 $SD_2 = B$ であるので，位置 $p_1 = 3$ から輝度値を調べる．

方向	$SD_2 = B$	B		C		D		A	
位置	p_l	3	4	5	6	7	8	1	2
輝度	BBp_l	(0)	0	0	0	0	0	N_G	N_G

$BB_2 = N_G > BB_3 = 0$ が成立するので，位置 $p_1 = 3$ に対応する画素 $(2,2)$ を輪郭点 $C_3(2,2)$，方向 $SD_3 = B$ とする．

(3) ステップ 3

輪郭点 $C_3(2,2)$ では，方向 $SD_3 = B$ であるので，位置 $p_1 = 3$ から輝度値を調べる．

方向	$SD_3 = B$	B		C		D		A	
位置	p_l	3	4	5	6	7	8	1	2
輝度	BBp_l	(0)	0	0	0	0	N_G	N_G	N_G

$BB_2 = N_G > BB_3 = 0$ が成立するので，位置 $p_1 = 3$ に対応する画素 $(3,1)$ を輪郭点 $C_4(3,1)$，方向 $SD_4 = B$ とする．

(4) ステップ 4

輪郭点 $C_4(3,1)$ では，方向 $SD_4 = B$ であるので，位置 $p_1 = 3$ から輝度値を調べる．

方向	$SD_4 = B$	B		C		D		A	
位置	p_l	3	4	5	6	7	8	1	2
輝度	BBp_l	0	0	0	0	0	N_G	N_G	(0)

$BB_1 = N_G > BB_2 = 0$ が成立するので，位置 $p_8 = 2$ に対応する画素 $(4,1)$ を輪郭点 $C_5(4,1)$，方向 $SD_5 = A$ とする．5 点までの輪郭点は，以上で求められ，さらにこの手順を続けることにより，●印で示す部分の外側の 20 点の輪郭点を求めることができる．

【例題 2.15】

図 2-41 の二値化画像において，画素 $(1,6)$ を最初の輪郭点 $C_1(1,6)$ では，方向 $SD_1 = B$ を与え，●印 (N_G) の左側の輪郭点を求めると，ステップ $(5)(6)(7)$ と $SD_4 = SD_5 = SD_6 = A$ で右方向に輪郭点が決まる．ステップ (7) からは，$SD_7 = C$ となり，ステップ (8), (9) と窪みを抜け出す方向に進む．ステップ (9) では，$SD_9 = C$ であるため，位置 $p_1 = 5$ から輝度値を調べると，結果は以下のようになる．

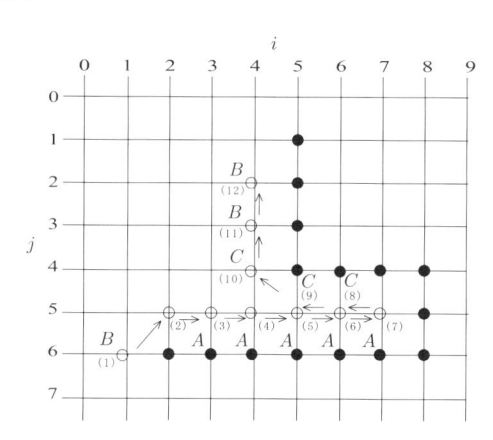

図 2-41 輪郭線抽出

ステップ (9)

方向	$SD_9 = C$	C		D		A		B		C
位置	p_l	5	6	7	8	1	2	3	4	5
輝度	BBp_l	0	0	N_G	N_G	N_G	(0)	N_G	N_G	(0)

条件を満たす位置が 2 箇所存在する．

① $BB_1 = N_G > BB_2 = 0$ を満たす位置 $p_6 = 2$ に対応する画素 $(6,5)$ は，ステップ 8 で選ばれた画素と同じとなるので，この条件の位置は使用しない．

② $BB_4 = N_G > BB_5 = 0$ を満たす位置 $p_1 = 5$ に対応する画素 $(4,4)$ は，何も条件がないので輪郭点 $C_{10}(4,4)$ とし，方向 $SD_{10} = C$ とする．

■**参考文献**

[1] 出口光一郎：『画像認識論講義』, 昭晃堂, (2002).
[2] 高木幹雄, 下田陽久監修：『画像処理ハンドブック』, 東京大学出版会, (1991).
[3] 安居院猛, 長尾智晴：『画像の処理と認識』, pp.31–46, 昭晃堂, (1992).
[4] 尾崎弘, 谷口慶治, 小川秀夫：『画像処理—その基礎から応用まで』, 共立出版, (1983).
[5] 酒井幸市：『ディジタル画像処理の基礎と応用』, QC 出版社, (1991).
[6] 高木幹雄, 下田陽久監修：『画像処理ハンドブック』, 東京大学出版会, (1991).
[7] 下田陽久, 他：『画像処理標準テキストブック』, 画像情報教育振興協会, (1997).

第3章

点および直線の認識手法

　画像内での対象物の認識のためには，対象物の特徴を示す点，線，面について，位置，形状などの識別をする必要がある．本章では，対象物の認識の際に基本となる点の位置，および線分の形状についての認識方法について述べる．

3.1 特徴を示す点の位置の認識

　対象物の認識において，特徴を示す点として頂点や重心などが考えられる．そこで，以下で対象物の特徴を示す点の座標を認識する手法について説明する．

3.1.1 対象物の特定の点の位置の認識

　測定された特定の画素により示される点の位置を (I, J) とする．この画素の位置は，与えられた画素の位置 (I_0, J_0) に等しいかどうかの判定をし認識する．

　判定のための尺度としては，2 点間の距離，各軸における距離が考えられる．

(1)　2 点間の距離の場合

2 点間のユークリッド距離は (3-1) 式で与えられる．

$$DL = \sqrt{(I_0 - I)^2 + (J_0 - J)^2} \tag{3-1}$$

そして，距離の許容差とし ε_1 を与え，(3-2) 式の条件を満足すれば，特定の画素の位置 (I, J) は，与えられた画素の位置 (I_0, J_0) に等しいと決定し認識する．

$$DL \leqq \varepsilon_1 \tag{3-2}$$

(2)　各軸の距離の場合

i 軸の距離の許容差として ε_2，j 軸のそれを ε_3 とする．2 点間の各軸での距

離は，差の絶対値で与え，各軸での距離が (3-3) 式に示す条件を満たせば，特定の位置 (I, J) は与えられた位置 (I_0, J_0) に等しいと決定し認識する．

$$|I_0 - I| \leqq \varepsilon_2$$
$$|J_0 - J| \leqq \varepsilon_3 \tag{3-3}$$

点の認識は基本的には以上で述べた方法に帰着できる．特定の位置 (I, J) として，以下で示す重心，平均値がよく用いられる．

【例題 3.1】

与えられた画素の位置を $(I_0, J_0) = (5, 5)$ とし，測定された画素の位置を $(I, J) = (6, 6)$ とする．そして，(3-2)，(3-3) 式の許容差 ε_1, ε_2, ε_3 を全て 1 とした場合，測定された画素の位置が与えられた画素の位置に等しいかどうかの認識をする．

与えられた画素の位置と測定された画素の位置の 2 点間のユークリッド距離 DL は 1.414 となる．また，2 点間の各軸での距離はそれぞれ 1 となる．

許容差 ε_1, ε_2, ε_3 が全て 1 であることから，2 点間の距離を用いた場合には測定された画素の位置が与えられた画素の位置に等しくないと認識し，各軸の距離を用いた場合には測定された画素の位置が与えられた画素の位置に等しいと認識する．

3.1.2 重心位置の推定

(1) 重心位置

ラベリング処理により区分された領域の位置として重心 (I_G, J_G) を (3-4) 式で計算する．

この方法は対象物の方向や形にかかわらず，計算することができることから，対象物の基準点として最もよく用いられるものである．

$$I_G = \sum_{q=0}^{NI} q \cdot \bar{f}_q / NS, \quad J_G = \sum_{r=0}^{NJ} r \cdot \bar{f}_r / NS \tag{3-4}$$

ただし，$f_{qr} = \begin{cases} 1 : S(q, r) = \ell \\ 0 : その他 \end{cases}$ ，ℓ は指定したラベル値とする．

$$\bar{f}_q = \sum_{r=0}^{NJ} f_{qr}, \quad \bar{f}_r = \sum_{q=0}^{NI} f_{qr}, \quad NS = \sum_{q=0}^{NI}\sum_{r=0}^{NJ} f_{qr}$$

【例題 3.2】

図 3-1 に示す対象物の重心位置 (I_G, J_G) を推定する．黒丸は，ラベル値 1 を示す．$\bar{f}_q, \bar{f}_r$ は図中に示している．そして，(I_G, J_G) は (3-4) 式から (3-5)，(3-6) 式で求められ，$(5.5, 4.5)$ となる．

$$I_G = \sum_{q=0}^{NI} q \cdot \bar{f}_q / NS = \frac{2\times 3 + 3\times 4 + 4\times 5 + 5\times 6 + 6\times 7 + 7\times 7 + 8\times 7}{39}$$
$$= 215/39 = 5.5 \tag{3-5}$$

$$J_G = \sum_{r=0}^{NJ} r \cdot \bar{f}_r / NS = \frac{1\times 3 + 2\times 4 + 3\times 5 + 4\times 6 + 5\times 7 + 6\times 7 + 7\times 7}{39}$$
$$= 176/39 = 4.5 \tag{3-6}$$

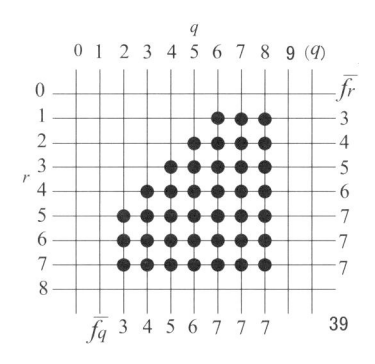

図 3-1 ラベル値 1（黒丸）の対象物の画像

(2) 平均値，標準偏差

画像処理では情報量が多いことから，特色を有する画素について i 軸，j 軸において一次元の統計手法での，平均値，標準偏差，そして，二次元の回帰直線などにより特徴量を求めることが有効である．

ある特徴を有する画素点を (I_l, J_l), $l = 1, 2, \cdots, n$ とする．i 軸，j 軸における平均値，不偏分散，標準偏差は (3-7)〜(3-9) 式で与えられる．

$$\text{平均値} \quad \begin{cases} \bar{I} = \sum_{l=1}^{n} I_l / n \\ \bar{J} = \sum_{l=1}^{n} J_l / n \end{cases} \tag{3-7}$$

$$\text{不偏分散} \quad \begin{cases} UI = \sum_{l=1}^{n} (I_l - \bar{I})^2 / (n-1) \\ UJ = \sum_{l=1}^{n} (J_l - \bar{J})^2 / (n-1) \end{cases} \tag{3-8}$$

$$\text{標準偏差} \quad \begin{cases} SI = \sqrt{UI} \\ SJ = \sqrt{UJ} \end{cases} \tag{3-9}$$

画像処理では，平均値がしばしば利用される．なぜなら，多数の特徴を有する画素のどれを使用してよいかがわからない場合が多く，また，対象物の少しの変化でも特徴を示す点が変化するためである．また，統計学的には，平均は「大数の法則」によりその分散が $1/n$ となり，安定性が向上するからである．

3.1.3 平均値を用いた形状の認識

長方形の輪郭線は図 3-2 に示す画像の i, j 軸に垂直，水平であると仮定する．長方形の輪郭線の一辺を示す輪郭点（黒丸の一部）を (I_l, J_l), $l = 1, 2, \cdots, n$ とする．

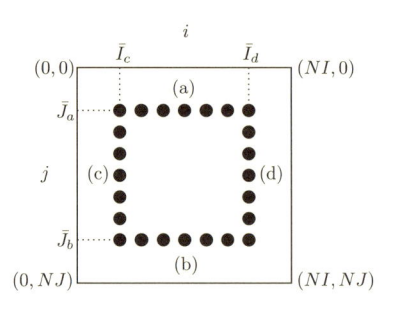

図 3-2 長方形の輪郭線

(1) 線分 (a), (b) の部分は, i 軸に平行であるので, J_l の値の変化を見るために平均値, 標準偏差を (3-10), (3-11) 式で計算する.

$$\bar{J} = \sum_{l=1}^{n} J_l/n \tag{3-10}$$

$$SJ = \sqrt{\sum_{l=1}^{n} (J_l - \bar{J})^2/(n-1)} \tag{3-11}$$

そして, (a) の部分の平均値, 標準偏差を $(\bar{J}_a, SJ_a)$, (b) の部分を $(\bar{J}_b, SJ_b)$ で示し, SJ_a, SJ_b の大きさから直線性の判定をし認識する.

(2) 線分 (c), (d) の部分は j 軸に平行であるので, I_l, $l = 1, 2, \cdots, m$ の値の変化を調べる.

$$\bar{I} = \sum_{l=1}^{m} I_l/m \tag{3-12}$$

$$SI = \sqrt{\sum_{l=1}^{m} (I_l - \bar{I})^2/(m-1)} \tag{3-13}$$

そして, (c), (d) の部分での平均値, 標準偏差を $(\bar{I}_c, SI_c)(\bar{I}_d, SI_d)$ とする.

(3) 直線の程度は, 標準偏差 SJ_a, SJ_b, SI_c, SI_d の値から判定し認識する. その際, 1 画素の実際の長さから, 判定基準を定める.

(4) 4 つの部分が直線であると認識できれば, 長方形の一辺の長さは (3-14) 式で与えられる.

$$\bar{J}_b - \bar{J}_a, \quad \bar{I}_d - \bar{I}_c \tag{3-14}$$

(5) 長方形の輪郭線の (a), (b) の部分で, I_l に対する j 軸の値を J_{al}, J_{bl} とする. 同様に (c), (d) の部分の J_r に対する i 軸の値を I_{cr}, I_{dr} とする. 長方形の重心位置 $G(I_G, J_G)$ は (3-15) 式で与えられる.

$$\begin{aligned} I_G &= \sum_{r=1}^{m} (I_{cr} + I_{dr})/(2 \cdot m) \\ J_G &= \sum_{l=1}^{n} (J_{al} + J_{bl})/(2 \cdot n) \end{aligned} \tag{3-15}$$

正方形，長方形，および円形などの重心位置は輪郭線からも求めることができる．

【例題 3.3】

図 3-3 に示される対象物の輪郭点が i 軸に平行であると仮定して，その直線性を推定する．

輪郭点から (3-10) 式により平均値を求めると (3-16) 式となる．また，平均値を用いて (3-11) 式から標準偏差 SJ を求めると (3-17) 式となり，標準偏差の値 1.19 が与えた許容範囲以下の場合であれば，この輪郭点は直線と判定し認識する．

$$\bar{J} = \sum_{l=1}^{n} J_l/n = 105/27 = 3.89 \tag{3-16}$$

$$SJ = \sqrt{\sum_{l=1}^{n}(J_l - \bar{J})^2/(n-1)} = 1.19 \tag{3-17}$$

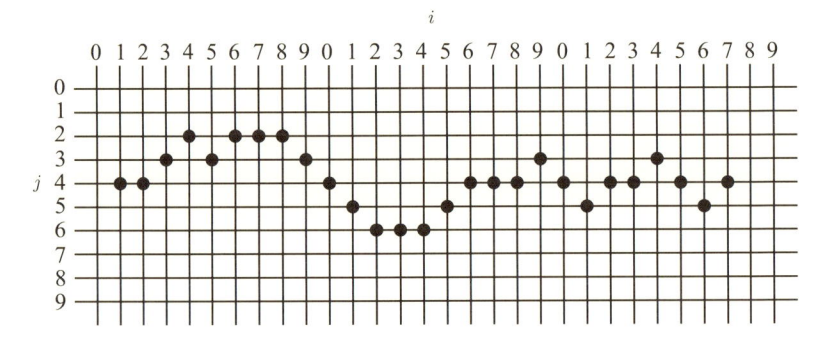

図 3-3 i 軸に平行な輪郭点の直線性の推定

3.1.4 フェレ径による多角形の頂点の認識

フェレ径を用いることで多角形の対象物の頂点を認識することが可能である．認識方法としては，フェレ径上を探索し対象物とフェレ径の関係から対象物の頂点を認識する．

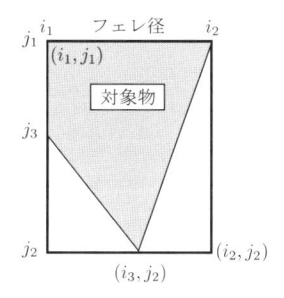

図 3-4 フェレ径による対象物の推定

図 3-4 に示す二値化画像において，対象物のフェレ径の上左隅の点を (i_1, j_1)，右下隅の点を (i_2, j_2)，画素 (i, j) の輝度値を $FV(i, j)$，フェレ径上の任意の点を (i_0, j_0) とする．そして，対象物上の点の輝度値は，N_G とし，背景は 0 とする．

以下の条件を満たすフェレ径上の点 (i_0, j_0) を対象物の頂点と認識する．

① $i_0 = i_1$ or i_2, $j_0 = j_1$ or j_2 の場合

$$FV(i_0, j_0) = N_G$$

② $i_0 = i_1$ or i_2 の場合

$$\begin{cases} FV(i_0, j_0) = N_G \quad \text{and} \quad FV(i_0, j_0 - 1) = 0 \\ \qquad\qquad\qquad \text{or} \\ FV(i_0, j_0) = N_G \quad \text{and} \quad FV(i_0, j_0 + 1) = 0 \end{cases}$$

③ $j_0 = j_1$ or j_2 の場合

$$\begin{cases} FV(i_0, j_0) = N_G \quad \text{and} \quad FV(i_0 - 1, j_0) = 0 \\ \qquad\qquad\qquad \text{or} \\ FV(i_0, j_0) = N_G \quad \text{and} \quad FV(i_0 + 1, j_0) = 0 \end{cases}$$

特に，この方法は輪郭線抽出法により得られた対象物の輪郭点を用いることで，容易に対象物の頂点を認識することができる．

【例題 3.4】

図 3-5 に示す二値化画像においてフェレ径上を探索し対象物の頂点を認識す

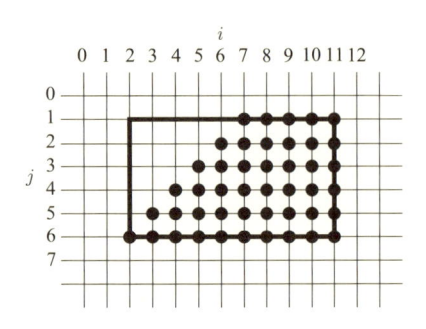

図 3-5 二値化画像での対象物とフェレ径

る．ただし，図中の太線が対象物のフェレ径を示しているものとする．

点 $(11,1), (11,6), (2,6)$ は，フェレ径の隅の点であり，$FV(i_0, j_0) = N_G$ となるので，この3点を対象物の頂点と認識する．また，点 $(7,1)$ は，フェレ径の途中で接していた対象物がフェレ径から離れた点，すなわち，$FV(7,1) = N_G$，$FV(6,1) = 0$ であるので，この点を対象物の頂点と認識する．

以上の結果より，対象物には4つの頂点が存在し，それぞれの点の座標は，$(11,1), (11,6), (2,6), (7,1)$ となる．

3.1.5 輪郭線の法線方向による頂点の認識

対象物の輪郭線から頂点を推定する方法として，輪郭線の法線方向を用いる．

(1) 対象物の輪郭線上の点での法線方向の計算法

輪郭線抽出法により得られた輪郭線上の画素 $C_l(CI_l, CJ_l)$ $(l = 1, 2, \cdots, N)$ から，輪郭線の法線方向を計算する（図3-6）．

ある輪郭点 $C_l(CI_l, CJ_l)$ の法線方向 V_l は画素 $C_l(CI_l, CJ_l)$ の前後 ma 画素の輪郭点から以下のように求める（図3-7）．画素 (CI_l, CJ_l) より $\pm ma$ の画素座標 (CI_p, CJ_p)，(CI_q, CJ_q) の2点を求める．ただし添字 p, q は，(3-18)式より求める．

$$\begin{cases} p = l - ma \\ q = l + ma \end{cases} \tag{3-18}$$

この2点を通る直線の傾きを点 $C_l(CI_l, CJ_l)$ での接線方向 H_l とする．

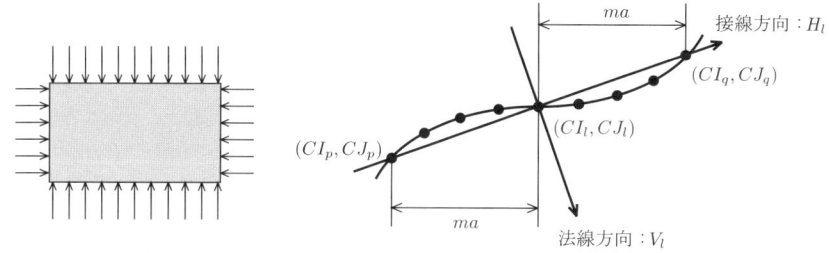

図 3-6 長方形の輪郭線における
法線方向

図 3-7 法線方向算出

$C_l(CI_l, CJ_l)$ は対象物の輪郭線であり，最後のデータは最初のデータに続いているので，p が 0 よりも小さい場合や，q が n よりも大きくなった場合を含めて接線方向 H_l は，(3-19) 式により計算する．

$p < 0$ のとき $\quad H_l = \tan^{-1}\{(CJ_q - CJ_{n+p})/(CI_q - CI_{n+p})\}$
$p \geqq 0, \ q \leqq n$ のとき $\quad H_l = \tan^{-1}\{(CJ_q - CJ_p)/(CI_q - CI_p)\}$ (3-19)
$q > n$ のとき $\quad H_l = \tan^{-1}\{(CJ_{q-n} - CJ_p)/(CI_{q-n} - CI_p)\}$

接線方向 H_l から法線方向 V_l を (3-20) 式により求める．

$$V_l = H_l - \pi/2, \quad l = 1, 2, \cdots, N \tag{3-20}$$

【例題 3.5】

対象物の輪郭点の一部が図 3-8 のように求められた．対象物の輪郭点 ($C_3 \sim C_7$) での接線方向，および法線方向を求める．ただし，ma を 2 とする．

対象物の接線方向，および法線方向は表 3-1 のように求められる．

(2) 輪郭線の法線方向の変化による頂点の認識

横軸を l，縦軸を法線方向 V_l ($l = 1, 2, \cdots, N$) として図 3-9 に示す．図から輪郭点の法線方向が急激に変化している部分が幾つか見られる．この変化している部分の中心が対象物の頂点であると認識する．

それゆえ，対象物の輪郭点の法線方向について調べ，対象物の頂点を推定することで，対象物の形状を推定できる．そして，対象物が多角形の場合には頂点と同じ数の辺が存在し，頂点間の距離が辺の長さとなり，頂点間の法線方向

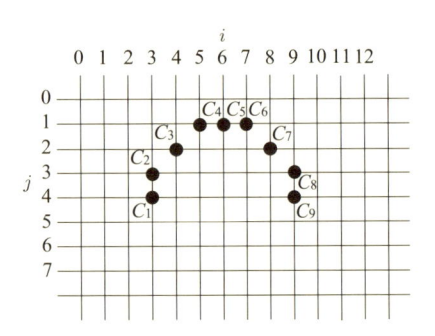

図 3-8 対象物の輪郭点

表 3-1 対象物の輪郭点での接線方向,および法線方向

輪郭点	C_3	C_4	C_5	C_6	C_7
CIJ_l	$\dfrac{(1-4)}{(6-3)} = -1$	$\dfrac{(1-3)}{(7-3)} = -\dfrac{1}{2}$	$\dfrac{(2-2)}{(8-4)} = 0$	$\dfrac{(3-1)}{(9-5)} = \dfrac{1}{2}$	$\dfrac{(4-1)}{(9-6)} = 1$
H_l	$\tan^{-1}(-1)$ $= -\dfrac{\pi}{4}$	$\tan^{-1}\left(-\dfrac{1}{2}\right)$ $\fallingdotseq -\dfrac{3\pi}{20}$	$\tan^{-1}(0)$ $= 0$	$\tan^{-1}\left(\dfrac{1}{2}\right)$ $\fallingdotseq \dfrac{3\pi}{20}$	$\tan^{-1}(1)$ $= \dfrac{\pi}{4}$
V_l	$-\dfrac{\pi}{4} - \dfrac{\pi}{2}$ $= -\dfrac{3\pi}{4}$	$-\dfrac{3\pi}{20} - \dfrac{\pi}{2}$ $= -\dfrac{13\pi}{20}$	$0 - \dfrac{\pi}{2}$ $= -\dfrac{\pi}{2}$	$\dfrac{3\pi}{20} - \dfrac{\pi}{2}$ $= -\dfrac{7\pi}{20}$	$\dfrac{\pi}{4} - \dfrac{\pi}{2}$ $= -\dfrac{\pi}{4}$

ただし,$CIJ_l = (CJ_q - CJ_p)/(CI_q - CJ_p)$ とする.

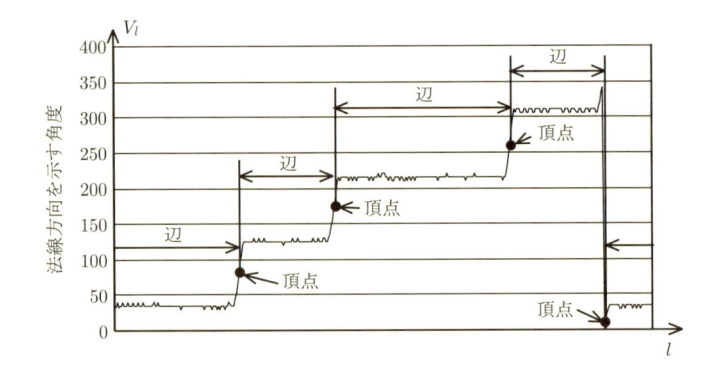

図 3-9 長方形での法線方向の変化

3.2 直線の認識　71

がその辺の法線方向となることから，対象物の形状も認識することができる．

【例題 3.6】

対象物の輪郭点から法線方向を求め，図 3-10 に示す法線方向の変化が得られた．法線方向の変化から対象物の形状を認識する．

法線方向が急激に変化している部分が 4 箇所あることから，対象物には 4 つの頂点が存在していることが推定される．4 つの頂点間 (L_1, L_2, L_3, L_4) の法線方向は，それぞれでいずれも等しい値であり，L_1 では約 74°，L_2 では約 135°，L_3 では約 189°，L_4 では約 315° である．L_2 と L_4 の法線方向の角度差が 180°であることから平行な部分となる．これらの結果から，対象物の形状は台形であると認識する．

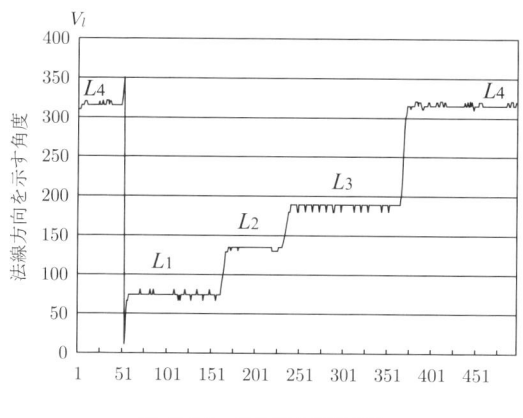

図 3-10 対象物の法線方向

3.2 直線の認識

3.2.1 回帰直線による直線の認識

図 3-11 に示す画素 $(I_l, J_l)(l = 1, 2, \cdots, N)$ が直線で近似される場合には回帰直線を求める．

平均値は (3-21) 式より求める．

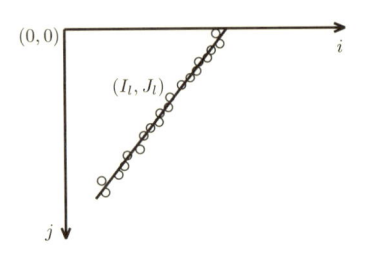

図 3-11 直線を示す画素の分布と回帰直線

$$\bar{I} = \sum_{l=1}^{n} I_l/N, \quad \bar{J} = \sum_{l=1}^{n} J_l/N \tag{3-21}$$

回帰直線は，平均値 $(\bar{I}, \bar{J})$ を通る直線であり，(3-22), (3-23) 式で示される．

$$\hat{j} = a(i - \bar{I}) + \bar{J} \tag{3-22}$$

$$\hat{i} = a'(j - \bar{J}) + \bar{I} \tag{3-23}$$

a および a' を回帰係数といい，(3-24), (3-25) 式で求める．

$$a = \sum_{l=1}^{n}(I_l - \bar{I})(J_l - \bar{J}) / \sum_{l=1}^{n}(I_l - \bar{I})^2 \tag{3-24}$$

$$a' = \sum_{l=1}^{n}(I_l - \bar{I})(J_l - \bar{J}) / \sum_{l=1}^{n}(J_l - \bar{J})^2 \tag{3-25}$$

(I_l, J_l) の間の関係の程度は，(3-26) 式で与えられる相関係数 r で示す．

$$r = \sum_{l=1}^{n}(I_l - \bar{I})(J_l - \bar{J}) / \sqrt{\sum_{l=1}^{n}(I_l - \bar{I})^2 \cdot \sum_{l=1}^{n}(J_l - \bar{J})^2} \tag{3-26}$$

回帰直線から画素 (I_l, J_l) の残差により，直線の適合性の良さを示す尺度として回帰誤差 (SR_{ji}, SR_{ij}) を (3-27), (3-28) 式により求める．

$$SR_{ji} = \left(\sum_{l=1}^{n}(J_l - \bar{J})^2 - a^2 \sum_{l=1}^{n}(I_l - \bar{I})^2\right) / (N - 2) \tag{3-27}$$

$$SR_{ij} = \left(\sum_{l=1}^{n}(I_l - \bar{I})^2 - a'^2 \sum_{l=1}^{n}(J_l - \bar{J})^2\right) / (N - 2) \tag{3-28}$$

SR_{ji} は，直線として (3-22) 式を用いた場合の回帰誤差であり，この値が小さいほど与えられた画素の位置は直線であると推定し認識する．

【例題 3.7】

図 3-12 の画素分布 3 の直線性を推定し，直線として認識する．

31 点の画素の位置 (i, j) は，次のように与えられる．$(N = 31)$

$(9, 17), (10, 16), (10, 17), (11, 16), (12, 15), (12, 16), (13, 14), (13, 15),$

$(14, 12), (14, 13), (14, 14), (15, 12), (15, 13), (16, 11), (16, 12), (17, 11),$

$(17, 12), (18, 11), (18, 12), (19, 11), (19, 12), (20, 11), (21, 10), (21, 11),$

$(22, 9), (22, 10), (23, 8), (23, 9), (24, 8), (25, 7), (25, 8)$

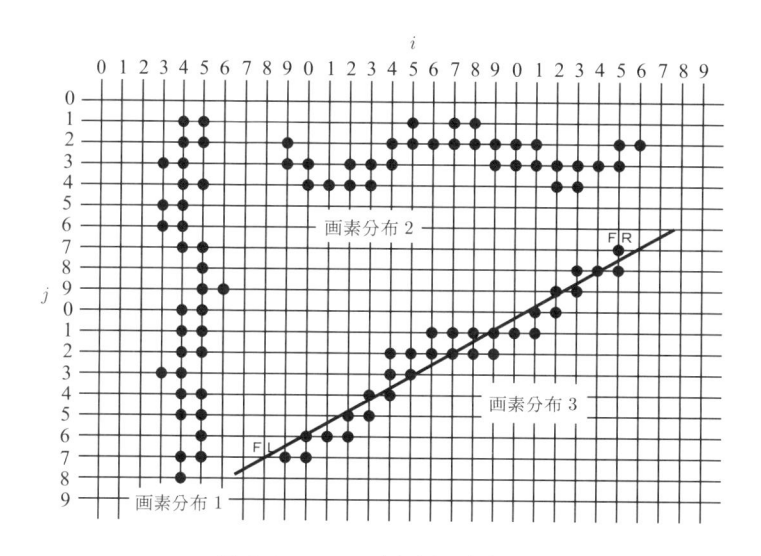

図 **3-12** 3 つの画素分布と直線認識

回帰直線は，次のように計算できる．

    平均値 $\bar{I} = 17.03, \quad \bar{J} = 12.03$

    回帰係数 $a = -377.031/666.9678 = -0.565$

    相関係数 $r = -0.960$

回帰直線 $j = -0.565(i - 17.03) + 12.03 = -0.567 \times i + 21.66$

回帰誤差 $SR_{ji} = (230.967 - (-0.565)^2 \times 666.9678)/(31 - 2)$
$= 18.054/29 = 0.623$

相関係数が -0.96 と -1.0 にきわめて近いこと，および回帰誤差の平方根が 0.789 と 1 以下になることから，画素分布 3 は，直線であると認識したので，図 3-12 に回帰直線を示している．

3.2.2 フェレ径を用いた直線の認識
(1) 水平，垂直方向フェレ径の比による認識

ラベリングされた各領域に対して水平方向フェレ径を FA，垂直方向フェレ径を FB とする．FA, FB の比率およびラベリング部分の重心位置 (I_G, J_G) を使用して，以下のようにフェレ径で囲まれた領域が直線であるかを判定し認識する．

図 3-13 に示す FA, FB のいずれか一方が大きく，FA/FB または FB/FA が与えられた許容値 (ε) 以下であれば直線とみなす．それ以外の場合には，水平，垂直方向フェレ径とラベリング部分との接点を $FL(FL_1, FL_2), FR(FR_1, FR_2)$ とする．2 点 FL, FR を通る直線と重心点との距離が近ければ直線とみなす．そして，2 点を通る直線の傾きを直線の方向とする．

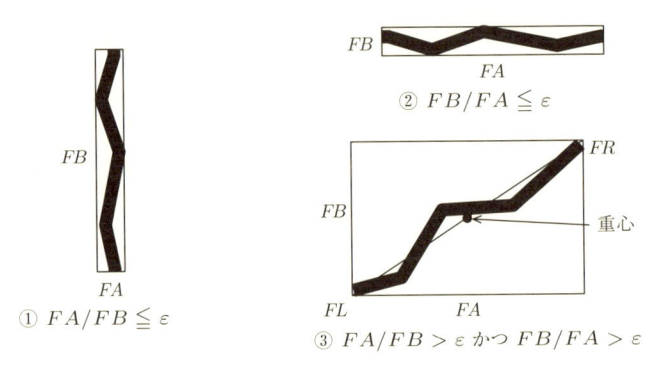

図 3-13 水平，垂直方向フェレ径による直線の認識

【例題 3.8】

図 3-12 に示す二値化画像内に存在する 3 つの画素分布が直線であるかをフェレ径を用いて認識する．

①画素分布 1 の場合

画素分布 1 では $FA = 4, FB = 18$ となることから，$FA/FB \fallingdotseq 0.22$ となる．その結果，許容差 ε が 0.22 以上の場合は直線と判定して認識し，許容差 ε が 0.22 未満の場合には，直線と認識しない．

②画素分布 2 の場合

画素分布 2 では $FA = 18, FB = 4$ となることから，$FB/FA \fallingdotseq 0.22$ となる．その結果，許容差 ε が 0.22 以上の場合は直線と判定して認識し，許容差 ε が 0.22 未満の場合には，直線と認識しない．

③画素分布 3 の場合

画素分布 3 では $FA = 17, FB = 11$ となることから，$FB/FA \fallingdotseq 0.65$，$FA/FB \fallingdotseq 1.54$ となる．その結果，画素分布 3 は縦の直線や横の直線ではないと判定する．そこで，画素分布 3 の重心を求めると $(17.03, 12.03)$ となり，フェレ径とラベリング部分との接点 FL, FR はそれぞれ $(9, 17), (25, 7)$ となる．また，点 FL, FR を通る直線の方程式は (3-29) 式で与えられる．重心が $(17.03, 12.03)$ であるので，直線上の重心の $i = 17.03$ の値に対する j の値は (3-30) 式より 11.981 となり，重心の j の値 (12.03) とほぼ一致する．これらの結果とフェレ径内の全画素数 $(11 \times 17 = 187)$ に対する画素分布 3 の 31 点の比率は 0.166 であることから，画素分布 3 は直線であると判定し認識する．

$$j = \{(7-17)/(25-9)\}(i-9) + 17 = -0.625i + 22.625 \qquad (3\text{-}29)$$

$$j = -0.625(17.03 - 9) + 17 = 11.981 \qquad (3\text{-}30)$$

(2) 輪郭点の二次元極座標系による認識

対象物の二値化画像に対してラベリングを行い，対象物のフェレ径を求める．そして，図 3-14 に示すフェレ径上を探索することにより，対象物とフェレ径が接している輪郭点 $C_{l_1}(CI_{l_1}, CJ_{l_1})$ を求め原点とする．そして，(3-31),(3-32)

図 3-14 二次元極座標系の原点の位置

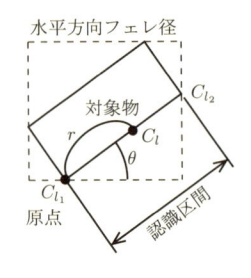

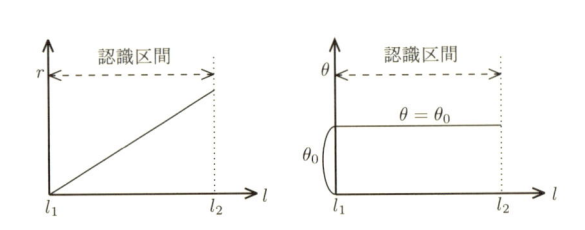

図 3-15 輪郭点が直線の場合の r,θ の点の変化

式により輪郭点 $C_l(CI_l,CJ_l)(l=1,2,\cdots,N)$ を二次元極座標系 $(r\text{-}\theta)$ で示す．また，表示する区間（認識区間）は原点から輪郭線が再度フェレ径に接している区間 $(l_1 \sim l_2)$ とする．

$$\theta_l = \begin{cases} \dfrac{\pi}{2} & : CI_{l_1} - CI_l = 0 \\ \pi + \tan^{-1} \dfrac{CJ_{l_1} - CJ_l}{CI_{l_1} - CI_l} & : CI_{l_1} - CI_l > 0 \\ \tan^{-1} \dfrac{CJ_{l_1} - CJ_l}{CI_{l_1} - CI_l} & : CI_{l_1} - CI_l < 0 \end{cases} \quad (3\text{-}31)$$

$$r_l = \sqrt{(CI_l - CI_{l_1})^2 + (CJ_l - CJ_{l_1})^2} \tag{3-32}$$

C_{l_1} から C_{l_2} の認識区間の輪郭線上の点を $(l,r_l),(l,\theta_l)$ で表示する．図 3-15 に示すように r が l と共に比例的に増加し，θ が l に対して一定の値になる場合には，認識区間内での輪郭線は直線であると判定する．また，r がほぼ一定で，θ が 0 から 2π の間でほぼ一定で分布すれば認識区間内の輪郭線は円形であると判定する．そして，r がほぼ一定で，θ がある値の範囲でほぼ一定であれば，輪郭線は円弧であると判定し認識する．

【例題 3.9】

図 3-16 において画素 $(2,6)$ から $(7,1)$ の間の 4 点の輪郭点の状況を画素 $(2,6)$ を C_{l_1} として，$(r\text{-}\theta)$ に変換する．

$$r_1 = 1.41, \quad r_2 = 2 \times 1.41, \quad r_3 = 3 \times 1.41, \quad r_4 = 4 \times 1.41$$

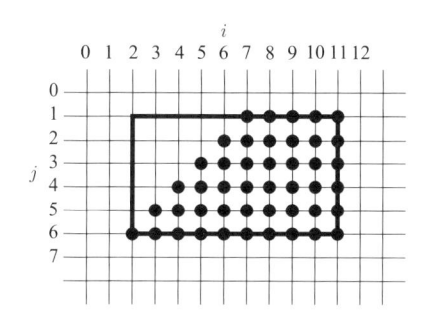

図 **3-16** 二値化画像における対象物とフェレ径

$$\theta_1 = \theta_2 = \theta_3 = \theta_4 = -\pi/4$$

よって，この区間は直線であると認識する．

3.2.3 ハフ変換を用いた直線の認識

入力画像から直線を推定する方法の1つにハフ (Hough) 変換がある．ハフ変換は入力画像から直線を推定することが可能であるだけでなく，点線のような不連続な直線も推定することが可能である．推定方法は，入力画像内の全ての画素に対して輝度値がしきい値以上ある場合には，その画素の座標 (i_0, j_0) を (3-33) 式の変換式を用いて，変数 (u, v) により示される曲線に変換する．

$$v = i_0 \cdot \cos(u) + j_0 \cdot \sin(u) \tag{3-33}$$

(u, v) を $u = 0 \sim \pi$ の値に対する曲線を u-v 平面上に描き，ある本数以上の曲線が交わる点を推定する．そして，その交点を (u_0, v_0) とし，(3-34) 式による逆変換式から直線の式を推定し認識することができる．また，同一点で交わる曲線の本数により，直線の認識精度が決定される．

$$v_0 = i \cdot \cos(u_0) + j \cdot \sin(u_0) \tag{3-34}$$

【例題 3.10】

図 3-17 に示す画像内の3点の画素 (i_0, j_0) を $(1, 3), (2, 4), (3, 5)$ とし，(3-35) 式を用いてハフ変換する．これらの3点を u-v 平面上に描いたものを図 3-18

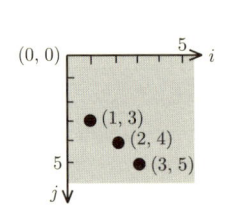

図 3-17 画像内の特徴を示す 3 画素 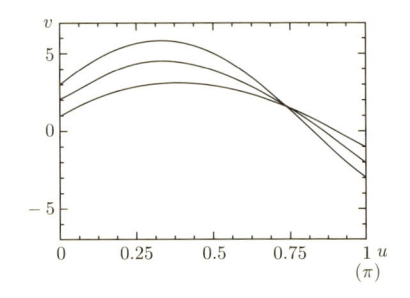 **図 3-18** u-v 平面でのハフ変換曲線

に示す.

図 3-18 より 3 つの曲線は 1 点で交わっており,その交点は以下のように求められる.

(3-34) 式に (i, j) の値を代入すると (3-35) 式を得る.

$$\begin{aligned} v_1 &= 1 \cdot \cos(u_1) + 3 \cdot \sin(u_1) \\ v_2 &= 2 \cdot \cos(u_2) + 4 \cdot \sin(u_2) \\ v_3 &= 3 \cdot \cos(u_3) + 5 \cdot \sin(u_3) \end{aligned} \quad (3\text{-}35)$$

1 点で交わることは,次の 2 つの条件で示すことができる.

① $v_1 = v_2$

(3-35) 式より (3-36) 式を解くと $u = 3/4\pi$ を得る.

$$\cos(u) + 3\sin(u) = 2\cos(u) + 4\sin(u) \quad (3\text{-}36)$$

② $v_2 = v_3$

(3-35) 式より (3-37) 式を解くと $u = 3/4\pi$ を得る.

$$2\cos(u) + 4\sin(u) = 3\cos(u) + 5\sin(u) \quad (3\text{-}37)$$

以上より,$u_0 = 3/4\pi$ となる.また,u_0 を (3-35) 式に代入すると (3-38) 式を得る.

$$v_1 = v_2 = v_3 = \sqrt{2} \quad (3\text{-}38)$$

これらの結果から 3 点を通る直線は，(3-39) 式となり，直線であると認識する．

$$j = i + 2 \tag{3-39}$$

■参考文献

[1] 大崎紘一, 菊池進, 緒方正名：『コンピュータ・プログラムによる統計技術』, 同文書院, (1978).
[2] 土屋裕, 深田陽司：『画像処理』, コロナ社, (1990).
[3] (社)日本機械学会編：『機械工学事典』, (社)日本機械学会, (1997).

第 4 章

一般形状の認識手法

基本的には第 3 章で述べた点の認識手法により対象物の頂点を認識し，認識された頂点間の辺の形状を直線の認識手法により認識することで，形状を認識することができる．しかし，これらの手法では円形に近い形状や複雑な形状をした対象物を認識することは困難である．そこで，以下では輪郭線やフェレ径から対象物の形状に関する特徴量を抽出し，それらの特徴量を用いて複雑な形状の対象物を判定し認識する手法について述べる．

4.1 フェレ径を用いた形状の認識

入力画像に対して二値化，ラベリング処理，輪郭線抽出法を行うことで，対象物のフェレ径，重心を求める．そして，フェレ径の縦横の長さ FA, FB, 対象物の重心位置 (I_G, J_G)，そして輪郭点 $C_l(CI_l, CJ_l)$ $(l = 1, 2, \cdots, N)$ を求め，対象物の形状を認識する．

4.1.1 フェレ径内の相隣る 2 点間の輪郭線の形状の認識

(1) 直線の場合

図 4-1 に示す輪郭線上でフェレ径上の相隣る画素 $F_p(i_p, j_p)$, $F_q(i_q, j_q)$ について，F_p, F_q を通る直線は (4-1) 式で与えられる．

$$j - j_p = \{(j_q - j_p)/(i_q - i_p)\} \times (i - i_p) \tag{4-1}$$

F_p と F_q の間の輪郭線上の点を $C_l(CI_l, CJ_l)$ $(l = pp, pp+1, \cdots, qq)$ とする．(4-1) 式に点 C_l の CI_l を入れたときの jj_l の値を (4-2) 式とする．

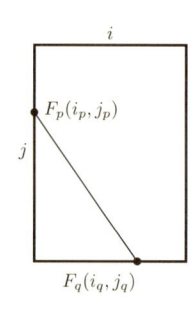

図 4-1 フェレ径上の相隣る 2 点 F_p, F_q 間の輪郭線

$$jj_l = \{(j_q - j_p)/(i_q - i_p)\}(CI_l - i_p) + j_p \tag{4-2}$$

CJ_l と jj_l との差の二乗和の平均を (4-3) 式で示す．

$$DR^2 = \sum_{l=pp}^{qq}(CJ_l - jj_l)^2/(qq - pp + 1) \tag{4-3}$$

直線と見なす DR の許容差を ε_s とする．そして，(4-4) 式が成り立つならば F_p, F_q 間は直線と判定し認識する．

$$DR \leqq \varepsilon_s \tag{4-4}$$

【例題 4.1】

図 4-2 に示す輪郭線上でフェレ径上の相隣る画素 $(1, 0)$, $(13, 8)$ が与えられるので，その 2 点間の輪郭線が直線であるかを認識する．

まず，$(1, 0)$ と $(13, 8)$ の 2 点を通る直線の式は (4-5) 式として与えられる．

$$j = 2i/3 - 2/3 \tag{4-5}$$

次に，輪郭線上の 11 個の点の CJ_l と直線上の点 jj_l との差の二乗和の平均 DR^2 は (4-6) 式として求められる．

$$DR^2 = 4.22/11 = 0.384 \tag{4-6}$$

直線と見なす許容差 ε_s を例えば 1 とすれば (4-7) 式を満たし，この輪郭線は直線と判定し認識する．

$$DR = 0.62 \leqq \varepsilon_s = 1 \tag{4-7}$$

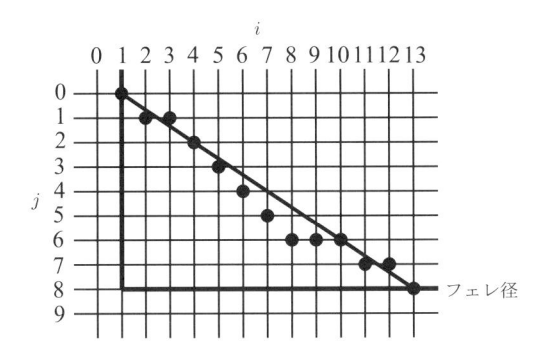

図 4-2 相隣るフェレ径上の 2 点間の輪郭点の直線性の判定

(2) 円弧の場合

①重心位置 (I_G, J_G) を中心とする円弧の場合

相隣る 2 画素 F_p, F_q とその間の輪郭線上の画素 C_l $(l = pp, pp+1, \cdots, qq)$ について (4-8) 式により重心との距離を求める．

$$R_l = \sqrt{(CI_l - I_G)^2 + (CJ_l - J_G)^2} \tag{4-8}$$

$$l = pp, pp + 1, \cdots, qq$$

R_l の平均値 $\bar{R}$，標準偏差 U_R を (4-9) 式，(4-10) 式により求める．

$$\bar{R} = \sum_{l=pp}^{qq} R_l / (qq - pp + 1) \tag{4-9}$$

$$U_R = \sqrt{\sum_{l=pp}^{qq} (R_l - \bar{R})^2 / \{(qq - pp + 1) - 1\}} \tag{4-10}$$

(4-11) 式の U_R が許容差 ε_R 以下であれば重心 (I_G, J_G) を中心とする円弧と判定し認識する．

$$U_R \leqq \varepsilon_R \tag{4-11}$$

【例題 4.2】

図 4-3 に示すフェレ径上に存在する輪郭線上の画素 $F_p(9, 1)$，$F_q(1, 9)$ 間の 12 個の輪郭点が円弧であるかを判定し認識する．ただし，対象物の重心位置と

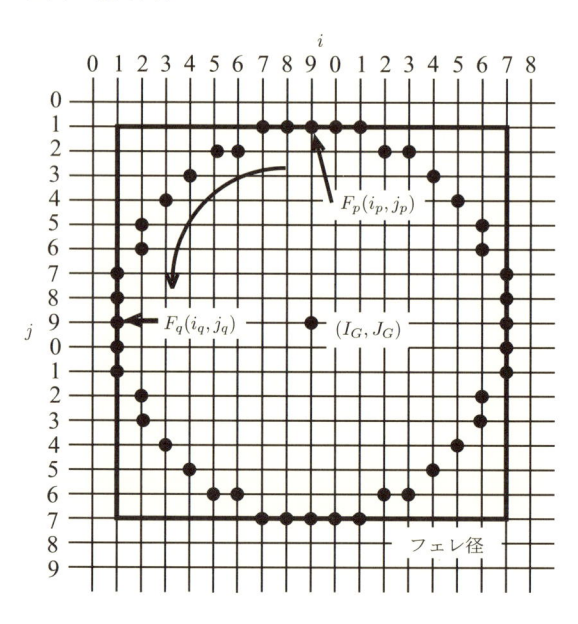

図 4-3 円弧となる輪郭線とフェレ径

円弧の中心は一致し $(9,9)$ とする．

まず，2画素間の輪郭線上の 12 点について，重心との距離を求め，その平均値，標準偏差は (4-12)，(4-13) 式により与えられる．

$$\bar{R} = \frac{8.00+8.06+8.25+7.62+8.06+7.81+7.81+8.06+7.62+8.25+8.06+8.00}{12}$$
$$= 7.97 \tag{4-12}$$

$$U_R = \sqrt{0.4872/11} = \sqrt{0.0443} = 0.21 \tag{4-13}$$

円弧と見なす許容差 ε_R を例えば 1 とすると，(4-14) 式を満たし，この輪郭線は円弧と判定し認識する．

$$U_R = 0.21 \leqq \varepsilon_R = 1.0 \tag{4-14}$$

② 重心以外に中心がある円弧の場合

図 4-4 に示す円弧であれば，画素 $((i_p+i_q)/2, (j_p+j_q)/2)$ を通り F_p, F_q を通る直線に垂直な直線（(4-15) 式）上に円の中心位置が存在する．

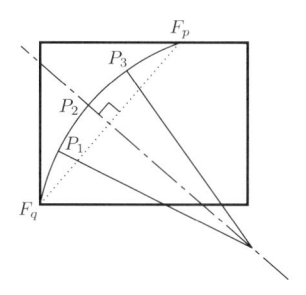

図 **4-4** 重心以外に中心がある円弧の輪郭線

$$j - (j_p + j_q)/2 = -\{(i_p - i_q)/(j_p - j_q)\}\{i - (i_p + i_q)/2\} \tag{4-15}$$

輪郭線上の画素 C_l ($l = pp, pp+1, \cdots, qq$) において，1/4 の点 $p_1 = pp + [(qq - pp + 1)/4]$，1/2 の点 $p_2 = pp + [(qq - pp + 1)/2]$，3/4 の点 $p_3 = pp + 3 \times [(qq - pp + 1)/4]$ をそれぞれ，p_1, p_2, p_3 とする．ここで [ ] はガウス記号とする．

そして，この 3 点に対応する輪郭線上の画素を $C_{p_1}(CI_{p_1}, CJ_{p_1})$，$C_{p_2}(CI_{p_2}, CJ_{p_2})$，$C_{p_3}(CI_{p_3}, CJ_{p_3})$ とする．

円弧の中心位置を $CE(I_C, J_C)$ とし，3 画素からの距離が等しくなることから (4-16) 式が成立する．ここで，r は半径とする．

$$\begin{aligned}r^2 &= (CI_{p_1} - I_c)^2 + (CJ_{p_1} - J_c)^2 \\ &= (CI_{p_2} - I_c)^2 + (CJ_{p_2} - J_c)^2 \\ &= (CI_{p_3} - I_c)^2 + (CJ_{p_3} - J_c)^2 \end{aligned} \tag{4-16}$$

(4-16) 式は，(4-17) 式の 3 つの式の組合せにより，3 つの解を得るので平均値を円弧の中心位置 $CE(I_C, J_C)$ とする．また，半径 r は，(4-16) 式に I_C, J_C を代入することにより求める．

$$\begin{aligned}&2(CI_{p_1} - CI_{p_2})I_C + 2(CJ_{p_1} - CJ_{p_2})J_C \\ &= (CI_{p_1}^2 - CI_{p_2}^2) + (CJ_{p_1}^2 - CJ_{p_2}^2) \\ &2(CI_{p_2} - CI_{p_3})I_C + 2(CJ_{p_2} - CJ_{p_3})J_C\end{aligned}$$

$$= (CI_{p_2}^2 - CI_{p_3}^2) + (CJ_{p_2}^2 - CJ_{p_3}^2) \tag{4-17}$$
$$2(CI_{p_1} - CI_{p_3})I_C + 2(CJ_{p_1} - CJ_{p_3})J_C$$
$$= (CI_{p_1}^2 - CI_{p_3}^2) + (CJ_{p_1}^2 - CJ_{p_3}^2)$$

【例題 4.3】

図 4-3 の左上隅の 12 個の輪郭点の位置は，次のように与えられる．この 12 画素から円弧の中心位置 (I_C, J_C) を求める．

$(9,1)(8,1)(7,1)(6,2)(5,2)(4,3)(3,4)(2,5)(2,6)(1,7)(1,8)(1,9)$

1/4, 2/4, 3/4 の位置に相当する点は，(4-18) 式で 4, 7, 10 番目となる．

$$\begin{aligned}
p_1 &= 1 + [(12 - 1 + 1)/4] = 1 + 3 = 4 \\
p_2 &= 1 + 2[(12 - 1 + 1)/4] = 1 + 6 = 7 \\
p_3 &= 1 + 3[(12 - 1 + 1)/4] = 1 + 9 = 10
\end{aligned} \tag{4-18}$$

輪郭線上の 3 画素は，$C_4(6,2), C_7(3,4), C_{10}(1,7)$ となる．(4-17) 式より中心位置を求める式は，(4-19) 式となる．

$$\begin{aligned}
2(6-3)I_C + 2(2-4)J_C &= (6^2 - 3^2) + (2^2 - 4^2) \\
2(6-1)I_C + 2(2-7)J_C &= (6^2 - 1^2) + (2^2 - 7^2) \\
2(3-1)I_C + 2(4-7)J_C &= (3^2 - 1^2) + (4^2 - 7^2)
\end{aligned} \tag{4-19}$$

(4-19) 式の 2 式を使用して中心位置の解を求めると，3 つとも等しくなり，

$$I_C = 9.5, \quad J_C = 10.5$$

となり，求めた中心位置を $(9.5, 10.5)$ とする．

12 点の円弧を示す推定式は，(4-20) 式となる．

$$(i - 9.5)^2 + (j - 10.5)^2 = 84.5 = 9.2^2 \tag{4-20}$$

(3) その他の形状の場合

2 点 F_p, F_q 間の輪郭線上の画素 C_l ($l = pp, pp+1, \cdots, qq$) に対して，(4-21) 式の m 次の多項式により近似する．

$$j = a_0 + a_1 i + a_2 i^2 + \cdots a_m i^m \tag{4-21}$$

そして，なるべく低い次数の多項式で 2 画素間の線分の形状を推定し認識する．

【例題 4.4】

図 4-5 に示すフェレ径上に存在する輪郭線上の相隣る画素 $F_p(9,1)$, $F_q(1,9)$ が与えられるので，その 2 画素間を含めて 10 画素を 2 次式により近似する．

輪郭線上の点を最小二乗法により近似すると，(4-22) 式の近似式が与えられる．また，近似の際の重相関係数は 0.991 であり，2 画素間の線分は 2 次式の曲線であると認識する．

$$j = 0.095 i^2 - 1.637 i + 8.009 \tag{4-22}$$

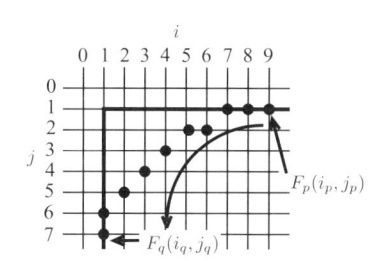

図 4-5 多項式による 2 点間の輪郭点の形状の推定

4.1.2 フェレ径による具体的な形状の認識

(1) 円 形

図 4-6 に示す FA/FB の比率が 1 に近く，フェレ径と輪郭線との交点が各辺でフェレ径のほぼ中心で交わり，また，重心位置が四角形の中心に近ければ円形もしくは正方形であるとみなすことができる．そして，各交点間が曲線もしくは直線かを判定することで円形であるか正方形であるかを認識する．

(2) 三角形

FA/FB の比率は 0.2 以上であり，フェレ径で囲まれた四角形の各辺と輪郭線との接点が 3 個存在する場合には，図 4-7 に示すように 3 通りの三角形が考えられる．

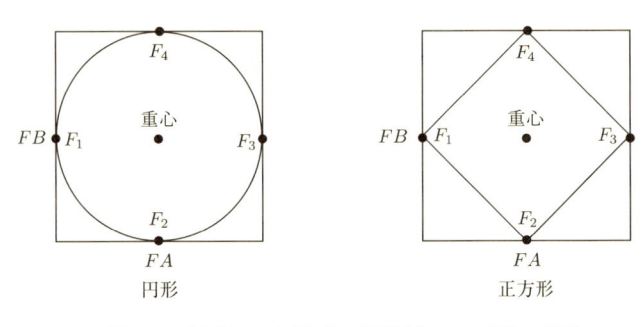

図 4-6 円形および正方形の輪郭線とフェレ径との関係

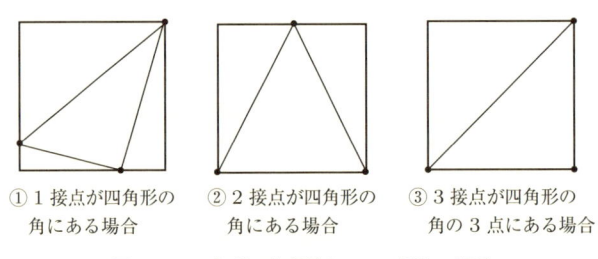

図 4-7 三角形の輪郭線とフェレ径との関係

① 1 接点が四角形の角の点にあり,他の 2 接点が対辺上にある場合.
② 2 接点が四角形の角の 2 点にあり,他の 1 接点が他辺上にある場合.
③ 3 接点が四角形の角の 3 点に有る場合.

(3) 四角形

FA/FB の比率は 0.2 以上であり,フェレ径で囲まれた四角形の各辺と輪郭線の接点が 4 個存在する場合には,図 4-8 に示すように 5 通りの四角形が考えられる.

① 全ての接点が四角形の辺上にある場合.
② 1 接点が四角形の角にあり,他の 3 接点が辺上にある場合.
③ 2 接点が四角形の角の 2 点にあり,他の 2 接点が辺上にある場合.
④ 3 接点が四角形の角の 3 点にあり,他の 1 接点が辺上にある場合.
⑤ 全ての接点が四角形の角にあり,フェレ径で囲まれた四角形と対象物が一致する場合.

① 全ての接点が四角形の
　辺上にある場合

② 1 接点が四角形の
　角にある場合

③ 2 接点が四角形の
　角にある場合

④ 3 接点が四角形の
　角にある場合

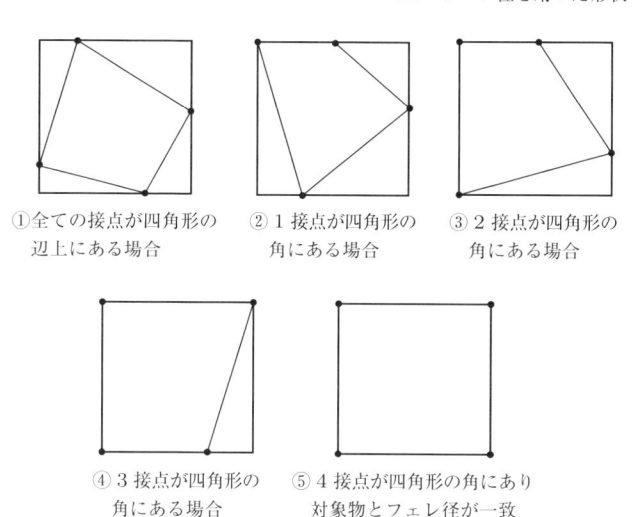

⑤ 4 接点が四角形の角にあり
　対象物とフェレ径が一致

図 4-8　四角形の輪郭線とフェレ径との関係

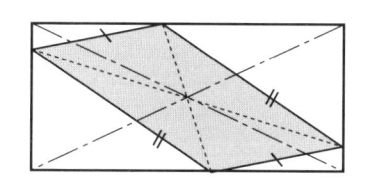

図 4-9　四角形の中心と対象物の重心が一致する場合

また，対象物が四角形であると認識され，さらに，フェレ径で囲まれた四角形の中心と対象物の重心位置が一致する場合には，図 4-9 に示すように対象物は平行四辺形であると推定する．さらに，辺の長さや頂点の角度などの対象物に関する特徴量を追加することにより，対象物が平行四辺形だけでなく，ひし形，長方形，および正方形であることも推定できる．

【例題 4.5】

図 4-10 に示す対象物の形状をフェレ径を用いて認識する．ただし，図中の○印は図形の重心を示している．

FB/FA の比率が 0.56 であることから，対象物は円形や正方形とは異なる

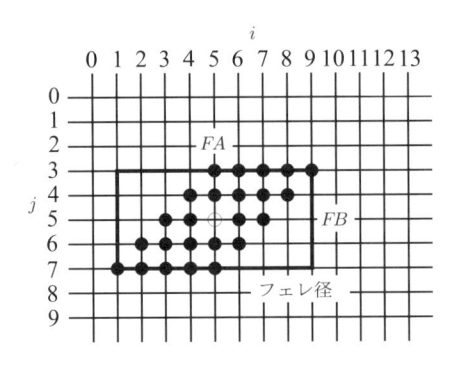

図 4-10 フェレ径による形状の判定

形状であることが推定される．また，フェレ径で囲まれた四角形の各辺と輪郭線の接点が4個（2接点がフェレ径の角にあり，他の2接点が辺上にある）存在するため，対象物は四角形であると推定される．さらに，フェレ径で囲まれた長方形の中心位置は $(5,5)$ であり，対象物の重心位置が $(5,5)$ となり，両点は一致する．以上のことから，対象物は平行四辺形であると認識する．

4.2 輪郭線を用いた形状の認識

対象物の形状を認識する上で，輪郭線は最も有効な特徴量の一つである．そこで，輪郭線を用いた対象物の形状を認識する手法について述べる．

4.2.1 輪郭線の法線方向による認識
(1) 輪郭線の法線方向の変化による認識

対象物の輪郭線から法線方向について調べると変化がほとんどない部分がいくつか見られ，この部分が対象物の辺となる．また法線方向が滑らかに変化している部分が対象物の曲線部分となる．このように法線方向の変化から対象物の辺の数やそれぞれの辺の長さを推定できることから，多角形の対象物についてその形状の認識に利用できる．

(2) 輪郭線の法線方向の度数分布による認識

対象物の輪郭線上の輪郭点における法線方向について度数分布を求める．図 4-11 に示す法線方向の度数分布が全ての角度に対してほぼ均一に分布している

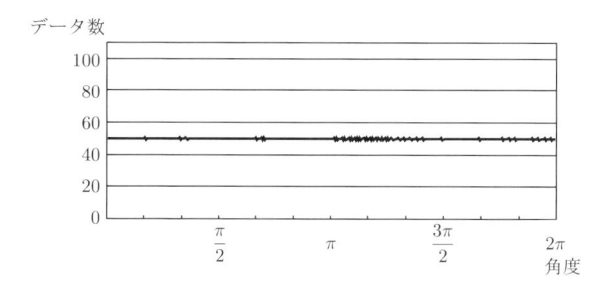

図 4-11　円形における法線方向の度数分布

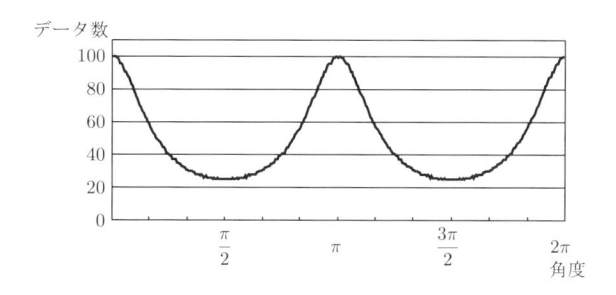

図 4-12　楕円形における法線方向の度数分布

場合には，対象物の形状を円形と判定し認識する．

さらに，図 4-12 に示す法線方向の度数分布が全ての角度に分布しているが，均一に分布せず π, 2π で極大値が存在し，$\pi/2$, $3\pi/2$ で極小値となり，その間が滑らかな曲線であれば，対象物の形状は楕円形として認識する．そして，分布が極小値を示す角度が楕円形の長軸方向となる．

また，図 4-13 に示す度数分布から法線方向が約 π ずれた 2 つの値を探すことにより，平行となっている対象物の辺を認識できる．多角形では度数分布の変化についての極大値を調べることで，対象物の全ての辺の方向を認識することが可能となる．特に，この方法は二指の平行つかみハンドでの把持位置および把持方向の決定に有効である．

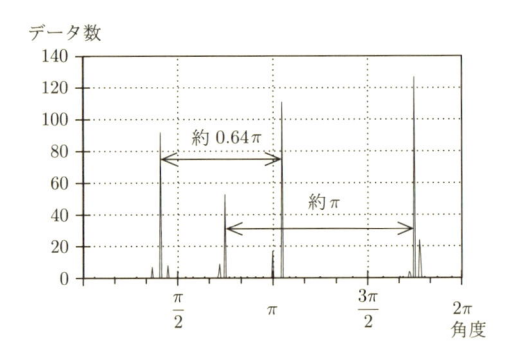

図 4-13 台形における法線方向の度数分布

【例題 4.6】

対象物の輪郭点の法線方向の変化と度数分布を求めると図 4-14 に示す結果となった．この結果から，対象物の形状を推定し認識する．

図 4-14(a) に示す法線方向の変化のグラフでは，法線方向がほぼ一定の部分が 4 箇所存在している．この部分が辺であることから，対象物は四角形であることがわかる．さらに，4 箇所の長さ (L_1, L_2, L_3, L_4) は，全て同じであることから，対象物は正方形またはひし形である．また，図 4-14(b) に示す法線方向の度数分布から，その四辺は $\pi/2$ 間隔で存在していることが示されている．これらの結果から，対象物は正方形であると推定し認識する．

(a) 法線方向の変化

(b) 法線方向の度数分布

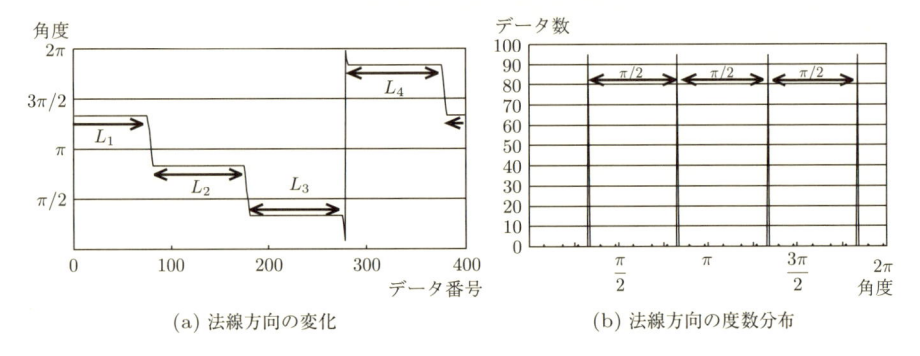

図 4-14 輪郭線の法線方向の変化と度数分布

4.2.2 重心から輪郭線までの重心-輪郭線距離

対象物の重心から輪郭線上の輪郭点までの距離（以下，重心-輪郭線距離という）を使用することでも形状の認識をすることができる．

(1) 重心-輪郭線距離の計算法

入力画像に対して二値化処理およびラベリング処理を行うことで，対象物の重心位置 $GC(I_G, J_G)$ を求める．ラベリング処理後のフェレ径上の点を始点として輪郭線抽出法から対象物の輪郭点 $C_l(I_l, J_l)\,(l = 1, 2, \cdots, N)$ を求める．そして，輪郭点 C_l から重心までの重心-輪郭線距離 (CL_l) は，(4-23) 式より求める．

$$CL_l = \sqrt{(I_l - I_G)^2 + (J_l - J_G)^2} \qquad l = 1, 2, \cdots, N \tag{4-23}$$

(2) 重心-輪郭線距離の極大値・極小値の算出方法

l を横軸に，重心-輪郭線距離 CL_l を縦軸にしてグラフに描くと，図 4-15 に示す重心-輪郭線距離のグラフとなる．そして，このグラフにおいて，極大値，極小値を (4-24)，(4-25) 式により求める．また，輪郭線は閉曲線であるので重心-輪郭線距離も同様であり重心-輪郭線距離の極大値，極小値の個数は等しくなる．

そこで，極大値の位置を示す番号を $M_r\,(r = 1, 2, \cdots, nr)$ とし，その集合を (4-24) 式より CLM とする．また，極小値の位置を示す番号を $L_s\,(s = 1, 2, \cdots, ns)$ とし，その集合を (4-25) 式より CLL とする．

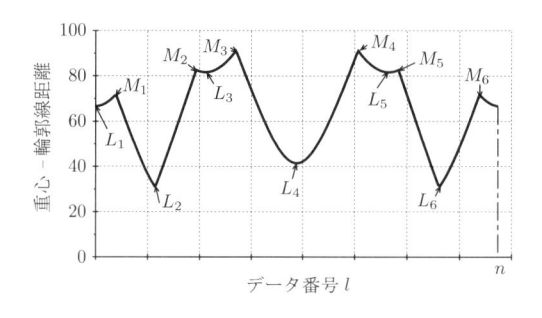

図 4-15　重心-輪郭線距離における極大値・極小値

$$CLM = \left\{ \begin{array}{l} l \text{ の小さい順に} \\ M_1, M_2, \cdots, M_r, \cdots, M_{nr} \end{array} \middle| \begin{array}{l} CL_l > CL_{l+1} \\ CL_l > CL_{l-1} \end{array}, l = 2, 3, \cdots, n-1 \\ \quad \text{or} \\ CL_1 > CL_2 \\ CL_1 > CL_n \\ \quad \text{or} \\ CL_n > CL_1 \\ CL_n > CL_{n-1} \end{array} \right\}$$

(4-24)

$$CLL = \left\{ \begin{array}{l} l \text{ の小さい順に} \\ L_1, L_2, \cdots, L_s, \cdots, L_{ns} \end{array} \middle| \begin{array}{l} CL_l < CL_{l+1} \\ CL_l < CL_{l-1} \end{array}, l = 2, 3, \cdots, n-1 \\ \quad \text{or} \\ CL_1 < CL_2 \\ CL_1 < CL_n \\ \quad \text{or} \\ CL_n < CL_1 \\ CL_n < CL_{n-1} \end{array} \right\}$$

(4-25)

【例題 4.7】

ある対象物の輪郭点を求めたところ，その一部が表 4-1 のようになった．また，対象物の重心位置は (28, 30) である．これらの輪郭点と重心位置から重心 – 輪郭線距離における極大値・極小値を求める．ただし，表中の輪郭点は対象物の一部分であり，最初と最後の部分は連続していないとする．

表 4-1 の輪郭点と重心位置 (28, 30) から，重心 – 輪郭線距離は表 4-2 となる．表 4-2 から $CL_{10} < CL_{11}$，$CL_{12} < CL_{11}$ となることから，(4-24) 式を満たしている CL_{11} が極大値となり，$M_1 = 11$ となる．同様に，(4-25) 式の条件から CL_4 が極小値となり，$L_1 = 4$ となる．

表 4-1 対象物の輪郭点

輪郭点	座標	輪郭点	座標	輪郭点	座標	輪郭点	座標
C_1	(25, 15)	C_6	(30, 15)	C_{11}	(35, 15)	C_{16}	(35, 20)
C_2	(26, 15)	C_7	(31, 15)	C_{12}	(35, 16)	C_{17}	(35, 21)
C_3	(27, 15)	C_8	(32, 15)	C_{13}	(35, 17)	C_{18}	(35, 22)
C_4	(28, 15)	C_9	(33, 15)	C_{14}	(35, 18)	C_{19}	(35, 23)
C_5	(29, 15)	C_{10}	(34, 15)	C_{15}	(35, 19)	C_{20}	(35, 24)

表 4-2 重心-輪郭線距離

輪郭点	距離 CL_l	輪郭点	距離 CL_l	輪郭点	距離 CL_l	輪郭点	距離 CL_l
C_1	15.30	C_6	15.13	C_{11}	16.55	C_{16}	12.21
C_2	15.13	C_7	15.30	C_{12}	15.65	C_{17}	11.40
C_3	15.03	C_8	15.52	C_{13}	14.76	C_{18}	10.63
C_4	15.00	C_9	15.81	C_{14}	13.89	C_{19}	9.90
C_5	15.03	C_{10}	16.16	C_{15}	13.04	C_{20}	9.22

4.2.3 重心-輪郭線距離による形状の認識
(1) 極大値，極小値の個数による形状の認識

重心-輪郭線距離の極大値・極小値を用いれば，直線によって囲まれた図形や円や楕円などの図形を認識をすることが可能である．極大値・極小値のそれぞれの個数 nr, ns から以下の条件により対象物の形状を認識する．

① $nr = 0$ の場合　　対象物を円形と認識する．
② $nr = 2$ の場合　　対象物を楕円形と認識する．
③ $nr = 3$ の場合　　対象物を三角形と認識する．
④ $nr = 4$ の場合　　対象物を四角形と認識する．
⑤ $nr = 5$ の場合　　対象物を五角形と認識する．
　　　　⋮　　　　　　　　　⋮

(2) 相隣る極大値間の輪郭線の直線，曲線近似による形状の認識

相隣る極大値の位置を M_r, M_{r+1} とし，その間の極小値の位置を L_s とする．M_r に対応する輪郭線上の点を $C_r(I_r, J_r)$，M_{r+1} に対応する点を $C_{r+1}(I_{r+1}, J_{r+1})$，$L_s$ に対応する点を $C_s(I_s, J_s)$，M_r, M_{r+1} 間の輪郭線上の任意の点を $C_l(I_l, J_l)$，$l = 1, 2, \cdots, n$ とする（図 4-16）．

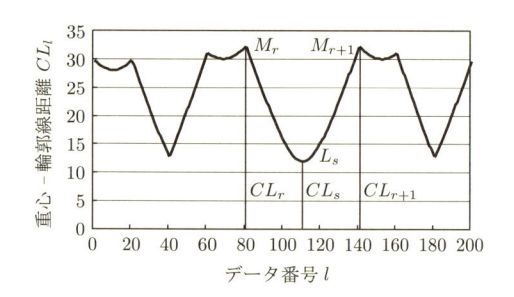

図 4-16 重心 - 輪郭線距離グラフ

①極大値の位置 M_r, M_{r+1} 間が直線の場合

(a)直線の近似式を用いる場合

極大値間に存在する全ての輪郭点 $C_l(I_l, J_l)$ を用いてこれまでに示した直線の認識手法で認識する．直線であると推定できなかった場合は，②に示す方法で形状の認識を行う．

(b)重心 - 輪郭線距離 CL_l を用いる場合

重心 - 輪郭線距離の図において極大値間の形状が滑らかな下に凸の曲線か，直線に近ければ以下のように直線性を判定し認識する．

重心点は $GC(I_G, J_G)$ であるので，GC と極大値の点 $C_r(I_r, J_r)$, $C_{r+1}(I_{r+1}, J_{r+1})$ の三角形を考えると，点 $C_r(I_r, J_r)$ での角度を θ_r, 点 $C_{r+1}(I_{r+1}, J_{r+1})$ での角度を θ_{r+1} とすると，それぞれの角度は，(4-26) 式で与えられる（図 4-17）．

$$\begin{aligned} \angle GC\,C_r\,C_s &= \theta_r \\ \angle GC\,C_{r+1}\,C_s &= \theta_{r+1} \end{aligned} \quad (4\text{-}26)$$

これらの角度と極小値での重心 - 輪郭線距離 CL_s との関係が (4-27) 式で示される場合には，極大値間の直線性を判定し認識する．(4-27) 式が成立しなければ極大値間は 1 本の直線ではないと認識する．

$$\begin{aligned} CL_r \cdot \sin(\theta_r) &= CL_s \\ CL_{r+1} \cdot \sin(\theta_{r+1}) &= CL_s \end{aligned} \quad (4\text{-}27)$$

図 4-17 から極大値間の輪郭点が直線であれば，重心 - 輪郭線距離は (4-28) 式を満たす．

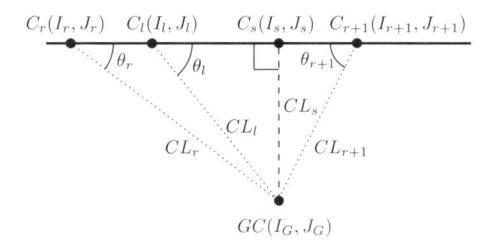

4.2 輪郭線を用いた形状の認識　97

図 **4-17**　極値 C_r, C_{r+1} 間の輪郭線の直線性の推定

$$CL_l \cdot \sin(\theta_l) = CL_s,\ l = 1, 2, \ldots, n$$
$$\angle GC\,C_l\,C_s = \theta_l \tag{4-28}$$

直線性の評価は，(4-28) 式の左辺の平均値，不偏分散を求め CL_s に等しくなっているかどうかを推定し認識する．

② 極大値の位置 M_r と極小値の位置 L_s の間，または L_s と M_{r+1} の間が直線の場合

極大値から極小値の間の輪郭点の直線性を判定し認識する．

(a) 重心 – 輪郭線距離 CL_l を用いた認識

(4-27) 式の一方あるいは両方が成立しない場合には，M_r と L_s 間，または L_s と M_{r+1} 間の直線性を判定し認識する．

- M_r と L_s 間について

(4-29) 式のように置く．

$$CL_r \cdot \sin(\theta_r) = d_r \neq CL_s \tag{4-29}$$

そして，M_r と L_s 間が直線であれば，その間の任意の輪郭点 $C_l(I_l, J_l)$ において (4-30) 式の d_l の平均値，不偏分散から，平均値が d_r に等しくなるかどうかを判定し認識する．

$$CL_l \cdot \sin(\theta_l) = d_l$$
$$\angle GC\,C_l\,C_s = \theta_l \tag{4-30}$$

- L_s と M_{r+1} 間について

(4-31) 式が成立するので，M_r と L_s 間と同様にして直線性を判定し認識する．

$$CL_{r+1} \cdot \sin(\theta_{r+1}) \neq CL_s \qquad (4\text{-}31)$$

(b) 直線の近似式による認識

それぞれの区間についてこれまでに示した直線の認識方法で認識する．

③輪郭点 $C_l(I_l, J_l)$ が直線以外の場合

4.1.1 項の円弧，曲線についての認識方法で形状を認識する．

【例題 4.8】

ある対象物の輪郭点を求めたところ，その一部が表 4-1 となった．そして，対象物の重心位置は $(28, 30)$ である．これらの輪郭点と重心位置から輪郭線の形状を認識する．

(A) 極大値，極小値の計算

表 4-2 に重心－輪郭線距離を示している．表中の輪郭点は対象物の一部分であり，最初と最後の部分は連続していない．このような場合には，両端の重心－輪郭線距離の値の大きいほうを極大値の 1 つ，小さいほうを極小値の 1 つとする．この例では $CL_1 > CL_{20}$ であるので，いちばん左に位置する CL_1 を極大値 $M_1 = 1$，そしていちばん右にある CL_{20} を極小値の最後として $L_2 = 20$ とする．また表 4-2 から CL_4 が極小値，CL_{11} が極大値であるので，これらの位置を L_1, M_2 とする．

(B) 極大値 $M_1(CL_1)$ と極大値 $M_2(CL_{11})$ の間の直線性の認識

位置 M_1 と M_2 の間には極小値 CL_4 の位置 L_1 が存在する．

角度 θ_l と (4-28) 式の右辺を求めると表 4-3 となる．(4-28) 式の右辺の値は，全て 15.0 となり，極小値 $CL_4 = 15.0$ と等しいので位置 M_1 と M_2 の間の輪郭線は，直線であると認識する．

表 4-3 極大値 M_1, M_2 間での角度 θ_l と $CL_l \cdot \sin(\theta_l)$

輪郭点	角度θ_l(rad)	$CL_l \cdot \sin(\theta_l)$	輪郭点	角度θ_l(rad)	$CL_l \cdot \sin(\theta_l)$
C_1	1.373	15.0	C_7	1.373	15.0
C_2	1.438	15.0	C_8	1.310	15.0
C_3	1.504	15.0	C_9	1.249	15.0
C_4	1.571	15.0	C_{10}	1.190	15.0
C_5	1.504	15.0	C_{11}	1.134	15.0
C_6	1.438	15.0			

(C) 極大値 $M_2(CL_{11})$ と極小値 $L_2(CL_{20})$ の間の直線性の認識

角度 θ_l と (4-30) 式の d_l を求めると表 4-4 となる．$d_1 = 7.0$ が全ての $l = 11, 12, \ldots, 20$ で一定であることから，位置 M_2 と位置 L_2 の間についても直線であると認識する．

表 4-4 極大値 M_2 と極小値 L_2 間での角度 θ_l と $CL_l \cdot \sin(\theta_l)$

輪郭点	角度θ_l(rad)	$CL_l \cdot \sin(\theta_l)$	輪郭点	角度θ_l(rad)	$CL_l \cdot \sin(\theta_l)$
C_{11}	0.437	7.0	C_{16}	0.611	7.0
C_{12}	0.464	7.0	C_{17}	0.661	7.0
C_{13}	0.494	7.0	C_{18}	0.719	7.0
C_{14}	0.528	7.0	C_{19}	0.785	7.0
C_{15}	0.567	7.0	C_{20}	0.862	7.0

【例題 4.9】

対象物が含まれる画像から輪郭点と重心位置を求め，重心 – 輪郭線距離を求め図 4-18 に示す．曲線の特徴量から対象物の形状を認識する．

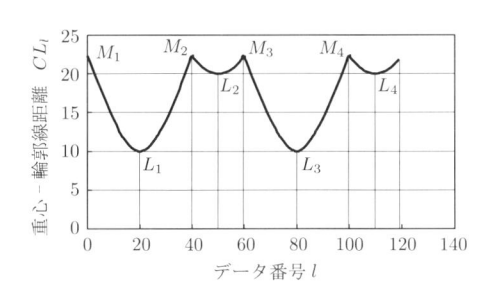

図 4-18 対象物の重心 – 輪郭線距離 CL_l

(A) 極値の数，極値間の輪郭点の個数

① 重心 – 輪郭線距離における極大値，極小値の個数は共に 4 個存在する．
② 相隣る極大値間の輪郭点の個数は，M_1 と M_2 間，M_3 と M_4 間は，40 点，M_2 と M_3 間，M_4 と M_1 間は，20 点であり，同一の曲線形状をしていることからそれぞれは同じ長さであることが推定できる．
③ それぞれの極大値間での極小値の位置は，それぞれで中心位置となっている

ので，長方形であることが予測できる．

(B) 極大値間の輪郭点の直線性の認識

M_1 と M_2 間，M_3 と M_4 間は重心 – 輪郭線距離は同じ形状であり，M_2 と M_3 間，M_4 と M_1 間についても同じ形状であるので，M_1 と M_2 間，および M_2 と M_3 間について直線であるかを判定し認識する．

①極大値 M_1 と M_2 間

(4-28) 式を用いて角度 θ_l を求めると図 4-19 となり，$CL_l \cdot \sin(\theta_l)$ を求めると 図 4-20 に示すように全ての l で 10 に等しくなる．そして極小値 L_1 での重心 – 輪郭線距離 $CL_1 = 10$ であることから，(4-32) 式が成立する．それゆえ，極大値 M_1 と極大値 M_2 の間は直線であると認識する．

$$CL_l \cdot \sin(\theta_l) = 10 = CL_1 = 10, \; l = 1, 2, \ldots, 40 \qquad (4\text{-}32)$$

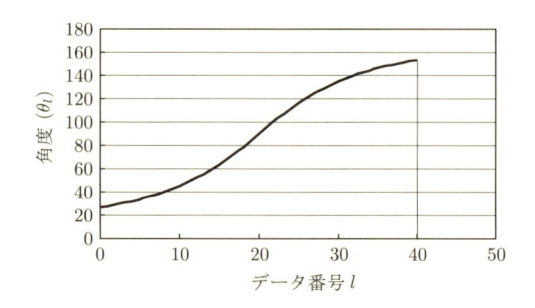

図 4-19 極大値 M_1 と M_2 の間の角度 θ_l の変化

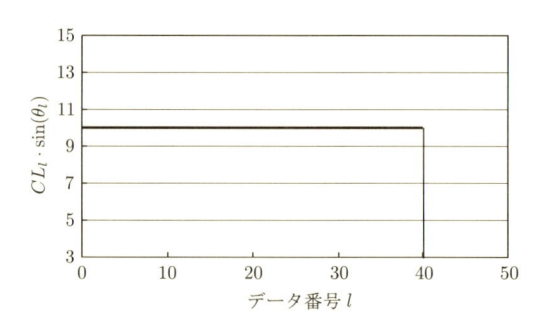

図 4-20 極大値 M_1 と M_2 の間の $CL_l \cdot \sin(\theta_l)$ の値

M_3 と M_4 間についても同様に直線と認識する．

②極大値 M_2 と M_3 間，および M_4 と M_1 間

同様にして，両区間は，直線であると認識できる．

③形状の認識

以上の結果より，図 4-18 で示される図形は，長方形であると認識する．

■参考文献

[1] 酒井幸市：『ディジタル画像処理の基礎と応用』, CQ 出版, (2003).
[2] 神代充, 大崎紘一, 梶原康博, 宗澤良臣：3 次元 CAD 図形情報を用いた画像処理による対象物認識手法に関する研究, 日本機械学会論文集 (C 編), Vol.63, No.613, pp.3317–3123, (1997).
[3] 神代充, 大崎紘一：CAD と画像処理による組立ロボットシステムの開発に関する研究, 日本経営工学会論文誌, Vol.49, No.2, pp.71–82, (1998).
[4] 神代充, 大崎紘一, 梶原康博, 宗澤良臣, 田野正和, 岡本勝行, 西野晃, 岡本朝夫, 西森直樹：CAD と画像処理による立体的に組み合わせた部品間のはんだ位置の検査法に関する研究, 日本経営工学会論文誌, Vol.50, No.2, pp.112–119, (1999).

第 5 章

三次元空間での位置の認識手法

　1台のカメラによる画像処理は二次元の認識であり，複数台のカメラを用いることにより三次元空間での画像認識が可能となる．そこで，本章では2台のカメラを用いた三次元空間内での位置を推定し認識する手法について述べる．

5.1　三次元空間の点とカメラの CCD の画素との対応

5.1.1　三次元空間の点と対応する CCD の画素を通る直線の方程式

(1)　カメラ座標系 (CX-CY-CZ) での直線の方程式

　図 5-1 に示すカメラの焦点 $FU(0,0,0)$ を通り CCD 平面に垂直な方向を CZ 軸とするカメラ座標系を右手直交座標系 (CX-CY-CZ) と設定する．CZ 軸と CCD 平面の交点を $IO(i_0, j_0)$ とする．そして，CX 軸に対応する CCD の軸を i 軸，CY 軸のそれを j 軸とし，原点を $IO(i_0, j_0)$ とする．焦点 FU から CCD 平面の原点 IO までの距離を d とする．

　カメラ座標系の三次元空間内の任意の点 $RP(X,Y,Z)$ が CCD 平面の $IP(i,j)$ に投影されている場合に，点 RP と CCD カメラの焦点を通る直線の方程式（以下，三次元直線という）は次のように求められる．

　CCD 平面上の点 $IP(i,j)$ と三次元空間内の点 $RP(X,Y,Z)$ との関係は三角形の相似より式 (5-1) で示される．

$$\begin{aligned}
(i - i_0) &: (j - j_0) = X : Y \\
-d &: (j - j_0) = Z : Y \\
-d &: (i - i_0) = Z : X
\end{aligned} \qquad (5\text{-}1)$$

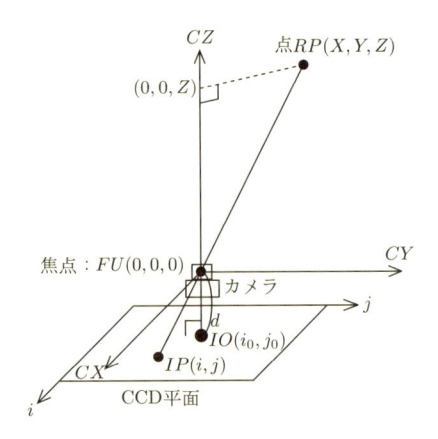

図 5-1 カメラ座標系 (CX-CY-CZ) でのカメラの位置と三次元直線

(5-1) 式より点 IP と点 RP を通る直線の方程式は (5-2) 式となる.

$$X/(i-i_0) = Y/(j-j_0) = Z/(-d) \tag{5-2}$$

(5-2) 式において，CCD 平面上の点 $IP(i,j)$，$IO(i_0,j_0)$，焦点 FU から CCD 平面までの距離 d が与えられれば，カメラ座標系での三次元空間内の点 $RP(X,Y,Z)$ を通る三次元直線を求めることができる．ここで，$((i-i_0),(j-j_0),(-d))$ を直線の方向ベクトルという．

【例題 5.1】

焦点位置を原点とするカメラ座標系において，CZ 軸を上向きにしてカメラを設置している．カメラ座標系の点 $RP(X,Y,Z)$ は，CCD 上の点 $IP(480, 320)$ に投影されている場合に，この 2 点を通る三次元直線を求める．ただし，CZ 軸と CCD 平面の $IO(i_0, j_0)$ を $(320, 200)$ とし，焦点から CCD 平面までの距離 d を 100 とする.

点 IP の座標，交点 $IO(i_0, j_0)$，および距離 d を (5-2) 式に代入すると三次元直線は (5-3) 式となる.

$$\begin{aligned}X/(480-320) &= Y/(320-200) = Z/(-100) \\ X/(160) &= Y/(120) = Z/(-100)\end{aligned} \tag{5-3}$$

(2) 基準座標系 (XU-YU-ZU) における三次元直線の推定（カメラが任意の位置，および方向に設定される場合）

三次元基準座標系 (XU-YU-ZU)（以下，基準座標系という）内でカメラが任意の位置，および方向に設定される場合には，カメラの焦点 FU を原点とするカメラ座標系 (CX-CY-CZ) を設定し，CCD 平面の $IP(i,j)$ に投影されている点 $RP(X,Y,Z)$ を通る三次元直線を求め，その直線の方程式を基準座標系に変換する．

① カメラ座標系 (CX-CY-CZ) の設定

図 5-2 に示すカメラの位置は，焦点位置を $FU(0,0,0)$ とする．カメラの方向はレンズ中心方向を示す軸を CZ 軸とし，カメラ座標系を右手座標系 (CX-CY-CZ) で設定する．右手座標系で CCD の i 軸に対応する方向を CX 軸とし，j 軸の方向を CY 軸とする．カメラ座標系での 3 軸単位ベクトルは，簡単のために $CUX(1,0,0)$, $CUY(0,1,0)$, $CUZ(0,0,1)$ とする．

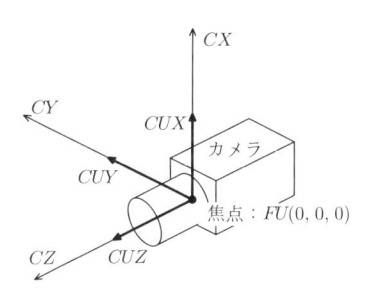

図 5-2 カメラの焦点位置におけるカメラ軸方向ベクトル

② カメラ座標系における三次元直線

図 5-3 に示すカメラ座標系での点 $RP(X,Y,Z)$ の CCD 上の対応点を $IP(i,j)$ とし，CZ 軸と CCD 平面の交点 $IO(i_0, j_0)$，および焦点から CCD 平面までの距離 d より，点 $RP(X,Y,Z)$, $FU(0,0,0)$, $IP(i,j)$ を通る直線は，(5-2) 式と同様に (5-4) 式となる．

$$X/(i-i_0) = Y/(j-j_0) = Z/(-d) \tag{5-4}$$

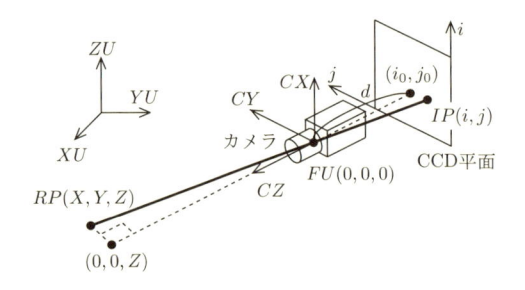

図 5-3 基準座標系 (XU-YU-ZU) でのカメラの位置，方向，および直線

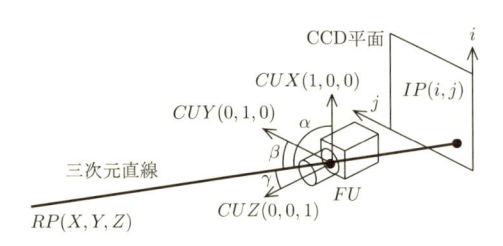

図 5-4 カメラ座標系 (CX-CY-CZ) での三次元直線と 3 軸単位ベクトルとの関係

③カメラ座標系における 3 軸単位ベクトルと三次元直線との関係

　カメラ座標系 (CX-CY-CZ) の原点である焦点位置を $FU(0,0,0)$，3 軸単位ベクトルは $CUX(1,0,0)$，$CUY(0,1,0)$，$CUZ(0,0,1)$ である．(5-5) 式で示す任意の点 $RP(X,Y,Z)$ と焦点位置 FU を通る三次元直線と 3 軸単位ベクトル CUX，CUY，CUZ とのなす角度を α, β, γ とする (図5-4)．ここで，(5-5) 式で示す三次元直線の方向余弦 L, M, N と角度 α, β, γ との関係は，(5-6) 式で与えられる．方向余弦とは，方向ベクトル (L, M, N) が単位ベクトル，すなわち $L^2 + M^2 + N^2 = 1$ が成立する場合の L, M, N のことである．本章では，方向余弦 L, M, N を単位方向ベクトル (L, M, N) と書くことにする．

$$X/L = Y/M = Z/N \tag{5-5}$$

$$\begin{aligned}\cos(\alpha) &= L \times 1 + M \times 0 + N \times 0 \\ \cos(\beta) &= L \times 0 + M \times 1 + N \times 0 \\ \cos(\gamma) &= L \times 0 + M \times 0 + N \times 1\end{aligned} \tag{5-6}$$

④基準座標系 (XU-YU-ZU) における三次元直線

カメラ座標系 (CX-CY-CZ) での三次元直線を基準座標系 (XU-YU-ZU) へ以下のように変換する．

基準座標系での点 RP と焦点位置 FU を，$RP(x,y,z)$ と $FU(FX,FY,FZ)$ とする．この 2 点を通り，単位方向ベクトルが $LV(l,m,n)$ である三次元直線は (5-7) 式で示される．

$$(x-FX)/l = (y-FY)/m = (z-FZ)/n \tag{5-7}$$

カメラ座標系の 3 軸単位ベクトル CUX, CUY, CUZ の基準座標系での焦点位置を基準にした 3 軸単位ベクトルを $SX(Xx,Xy,Xz), SY(Yx,Yy,Yz), SZ(Zx,Zy,Zz)$ とする．(5-7) 式で示される直線の単位方向ベクトル LV (l,m,n) と 3 軸単位ベクトルの角度との関係は，ベクトルの内積より (5-8) 式となる．LV, SX, SY, SZ は，それぞれ単位ベクトルである．

そして，(5-8) 式の解を求め，直線 (5-7) 式の単位方向ベクトル (l,m,n) を求める．

$$\begin{aligned}\cos(\alpha) &= l \times Xx + m \times Xy + n \times Xz \\ \cos(\beta) &= l \times Yx + m \times Yy + n \times Yz \\ \cos(\gamma) &= l \times Zx + m \times Zy + n \times Zz\end{aligned} \tag{5-8}$$

【例題 5.2】

基準座標系 (XU-YU-ZU) において，焦点位置 $FU(0,100,100)$ であり，レンズ中心方向軸 CZ が (YU-ZU) 平面に平行で，YU 軸に対して $\pi/3$ となるようにカメラを設置している（図 5-5）．

基準座標系の任意の点を $RP(x,y,z)$ とし，点 RP がこのカメラの CCD 平面上の点 $IP(220,300)$ に投影された．点 RP を通る基準座標系での三次元直線を求める．

ただし，CZ 軸は CCD 平面と点 $IO(320,200)$ で交わり，焦点から CCD 平面までの距離 d を 100 とする．

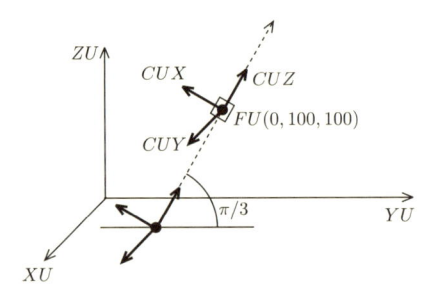

図 5-5 基準座標系でのカメラの設置位置，およびカメラ座標系の 3 軸単位ベクトル

（A） 基準座標系におけるカメラ座標系の3軸単位ベクトル SX, SY, SZ の計算

カメラの 3 軸単位ベクトル CUX, CUY, CUZ の基準座標系での 3 軸単位ベクトル SX, SY, SZ は，(5-9) 式となる．

$$
\begin{aligned}
SX(Xx, Xy, Xz) &= (0, -\sqrt{3}/2, 1/2) \\
SY(Yx, Yy, Yz) &= (1, 0, 0) \\
SZ(Zx, Zy, Zz) &= (0, 1/2, \sqrt{3}/2)
\end{aligned}
\tag{5-9}
$$

（B） カメラ座標系での三次元直線

点 IP の座標，原点 $IO(320, 200)$，および距離 $d = 100$ を (5-2) 式に代入し，三次元直線は (5-10) 式で示される．

$$
\begin{aligned}
X/(220 - 320) &= Y/(300 - 200) = Z/(-100) \\
X/(-100) &= Y/100 = Z/(-100) \\
X/1 &= Y/(-1) = Z/1
\end{aligned}
\tag{5-10}
$$

（C） カメラ座標系における3軸単位ベクトルと三次元直線との関係

(5-10) 式より三次元直線の方向ベクトルは $(1, -1, 1)$ となり，単位方向ベクトルは，$LV(1/\sqrt{3}, -1/\sqrt{3}, 1/\sqrt{3})$ となる．そして，単位方向ベクトル LV とカメラ 3 軸単位ベクトル $CUX(1,0,0), CUY(0,1,0), CUZ(0,0,1)$ とのなす角度を α, β, γ とすると (5-6) 式より (5-11) 式が求められる．

$$
\cos(\alpha) = 1/\sqrt{3}, \quad \cos(\beta) = -1/\sqrt{3}, \quad \cos(\gamma) = 1/\sqrt{3}
\tag{5-11}
$$

(D) 基準座標系での三次元直線

角度 α, β, γ および，(5-9) 式で与えるカメラ座標系での3軸単位ベクトル CUX, CUY, CUZ に対応した基準座標系での単位ベクトル SX, SY, SZ を (5-8) 式に代入して，(5-12) 式を作る．その際求める直線の単位方向ベクトルを (l, m, n) とする．

$$\begin{aligned} 1/\sqrt{3} &= 0 \cdot l + (-\sqrt{3}/2)m + (1/2)n \\ -1/\sqrt{3} &= 1 \cdot l + 0 \cdot m + 0 \cdot n \\ 1/\sqrt{3} &= 0 \cdot l + (1/2)m + (\sqrt{3}/2)n \end{aligned} \quad (5\text{-}12)$$

(5-12) 式から，$l = -\sqrt{3}/3$, $m = (\sqrt{3}-3)/6$, $n = (\sqrt{3}+3)/6$ となる．また，三次元直線が基準座標系の焦点位置 $FU(0, 100, 100)$ を通ることから，三次元直線は (5-13) 式となる．

$$x/l = (y-100)/m = (z-100)/n \quad (5\text{-}13)$$

ただし，$l = -\sqrt{3}/3$, $m = (\sqrt{3}-3)/6$, $n = (\sqrt{3}+3)/6$

5.1.2 カメラ座標系における CZ 軸と CCD 平面の交点，カメラの焦点から CCD までの距離の推定

(5-1) 式において，カメラ座標系における n 個の与えられた点 (X_l, Y_l, Z_l) に対する CCD 平面上の投影された点 (i_l, j_l) $(l = 1, 2, \cdots, n)$ の関係を (5-14) 式に示す．この関係式から，焦点から CCD 平面までの距離 d，および CZ 軸と CCD 平面の交点 $IO(i_0, j_0)$ を推定する．

$$\begin{aligned} X_l \cdot j_0 - Y_l \cdot i_0 &= j_l \cdot X_l - i_l \cdot Y_l \\ Z_l \cdot j_0 - Y_l \cdot d &= Z_l \cdot j_l, \quad\quad l = 1, 2, \cdots, n \\ Z_l \cdot i_0 - X_l \cdot d &= Z_l \cdot i_l \end{aligned} \quad (5\text{-}14)$$

第1式では新しい変数として $u_l(= j_l \cdot X_l - i_l \cdot Y_l)$，第2式では $v_l(= Z_l \cdot i_l)$，第3式では $w_l(= Z_l \cdot i_l)$ を導入することにより (5-15) 式として，最小二乗法あるいは回帰分析により係数 d, i_0, j_0 を推定できる．

$$u_l = j_l \cdot X_l - i_l \cdot Y_l = X_l \cdot j_0 - Y_l \cdot i_0$$
$$v_l = Z_l \cdot j_l = Z_l \cdot j_0 - Y_l \cdot d \tag{5-15}$$
$$w_l = Z_l \cdot i_l = Z_l \cdot i_0 - X_l \cdot d$$

最小二乗法あるいは回帰直線において，(5-15) 式の第 1 式では (u_l, X_l, Y_l) の 3 変数から，i_0, j_0，第 2 式では (v_l, Z_l, Y_l) の 3 変数から d, j_0，第 3 式では (w_l, Z_l, X_l) の 3 変数から d, i_0 の値を推定する．そして最終的な推定値は，それぞれについての平均値とする．

【例題 5.3】

表 5-1 で与えるカメラ座標系における 10 個の点 (X_l, Y_l, Z_l) が CCD 平面上の (i_l, j_l) に投影されている．点 (X_l, Y_l, Z_l) と (i_l, j_l) の関係より，焦点から CCD 平面までの距離 d と CZ 軸と CCD 平面の交点 $IO(i_0, j_0)$ を推定する．

表 5-1 点 (X_l, Y_l, Z_l) に対する画素 (i_l, j_l) の対応関係

(X_l, Y_l, Z_l)	→	(i_l, j_l)	(X_l, Y_l, Z_l)	→	(i_l, j_l)
(203, 202, 200)	→	(220, 100)	(149, 75, 60)	→	(50, 60)
(−200, 1498, 999)	→	(340, 50)	(160, −230, 200)	→	(240, 320)
(82, 405, 402)	→	(300, 100)	(247, 135, 225)	→	(210, 140)
(−280, −180, 354)	→	(400, 250)	(140, −128, 70)	→	(120, 380)
(298, 30, 140)	→	(100, 180)	(−178, 360, 365)	→	(370, 100)

表 5-1 の (X_l, Y_l, Z_l) と (i_l, j_l) より，(5-15) 式より u_l, v_l, w_l を求め表 5-2 に示している．

① (5-15) 式の第 1 式から i_0, j_0 を回帰分析により求めた結果

重相関係数は 0.999 となり，X_l の係数として $j_0 = 199.89$，$-Y_l$ の係数として $i_0 = 320.20$ が推定可能である．

② (5-15) 式の第 2 式から j_0, d を回帰分析により求めた結果

重相関係数は 0.999 と高いので，係数 d, j_0 を推定可能であり，$d = 100.80$，$j_0 = 201.41$ となる．

③ (5-15) 式の第 3 式から i_0, d を回帰分析により求めた結果

重相関係数は 0.999 と高いので，係数 d, i_0 を推定可能であり，$d = 101.31$，$i_0 = 320.10$ となる．

表 5-2　(5-15) 式の変数 $(X_l, Y_l, Z_l, u_l, v_l, w_l)$ の値

第 1 式			第 2 式			第 3 式		
X_l	$-Y_l$	u_l	Z_l	$-Y_l$	v_l	Z_l	$-X_l$	w_l
203	−202	−24140	200	−202	20000	200	−203	44000
−200	−1498	−519320	999	−1498	49950	999	200	339660
82	−405	−113300	402	−405	40200	402	−82	120600
−280	180	2000	354	180	88500	354	280	141600
298	−30	50640	140	−30	25200	140	−298	14000
149	−75	5190	60	−75	3600	60	−149	3000
160	230	106400	200	230	64000	200	−160	48000
247	−135	6230	225	−135	31500	225	−247	47250
140	128	68560	70	128	26600	70	−140	8400
−178	−360	−151000	365	−360	36500	365	178	135050

以上の結果から，焦点から CCD 平面までの距離 d と CZ 軸と CCD 平面の交点 $IO(i_0, j_0)$ は (5-16) 式で決定する．

$$\begin{aligned} d &= (100.80 + 101.31)/2 = 101.055 \\ i_0 &= (320.20 + 320.10)/2 = 320.15 \\ j_0 &= (199.89 + 201.41)/2 = 200.65 \end{aligned} \quad (5\text{-}16)$$

5.2　三次元直線の交点の認識

三次元空間内の 2 つの直線は，交われば交点を求めることができる．しかし，精度の関係から画像処理で認識した 2 直線が三次元空間内で交わらず近い位置でねじれの位置にある場合がある．そこで，以下では 2 つの三次元直線に交点が存在するか否かの判定法，およびそれぞれについての三次元直線の交点を推定し認識する方法について述べる．

5.2.1　三次元直線の交点の有無の判定

基準座標系において任意の点 $RF(x, y, z)$ と点 (X_1, Y_1, Z_1) を通り単位方向ベクトル (L_1, M_1, N_1) の直線を ll_1，点 (X_2, Y_2, Z_2) を通り単位方向ベクトル (L_2, M_2, N_2) の直線を ll_2 とし (5-17) 式で示す．そして，この 2 直線に交点が存在するかどうかの判定法について述べる．

$$ll_1 : (x-X_1)/L_1 = (y-Y_1)/M_1 = (z-Z_1)/N_1$$
$$ll_2 : (x-X_2)/L_2 = (y-Y_2)/M_2 = (z-Z_2)/N_2 \tag{5-17}$$

(5-17) 式は，(5-18) 式と置くことにより (5-19) 式のように表現できる．

$$ll_1 : (x-X_1)/L_1 = (y-Y_1)/M_1 = (z-Z_1)/N_1 = S$$
$$ll_2 : (x-X_2)/L_2 = (y-Y_2)/M_2 = (z-Z_2)/N_2 = T \tag{5-18}$$

$$x = S \cdot L_1 + X_1, \quad y = S \cdot M_1 + Y_1, \quad z = S \cdot N_1 + Z_1$$
$$x = T \cdot L_2 + X_2, \quad y = T \cdot M_2 + Y_2, \quad z = T \cdot N_2 + Z_2 \tag{5-19}$$

(5-19) 式から，2 直線の交点は (5-20) 式の解となる．そして，S, T の解 SS, TT は，(5-20) 式の第 1, 2 式より (5-21) 式で与えられる．

$$S \cdot L_1 + X_1 = T \cdot L_2 + X_2$$
$$S \cdot M_1 + Y_1 = T \cdot M_2 + Y_2$$
$$S \cdot N_1 + Z_1 = T \cdot N_2 + Z_2 \tag{5-20}$$

$$SS = \{M_2(X_2 - X_1) + L_2(Y_1 - Y_2)\}/(L_1 M_2 - L_2 M_1)$$
$$TT = \{M_1(X_1 - X_2) + L_1(Y_2 - Y_1)\}/(L_2 M_1 - L_1 M_2) \tag{5-21}$$

(5-21) 式を (5-20) 式の第 3 式に代入し (5-22) 式の等号が成立する場合には，2 つの三次元直線には交点が存在する．しかし，(5-22) 式の等号が成立しない場合には，2 つの三次元直線には交点が存在しないことになる．

$$\{M_2(X_2 - X_1) + L_2(Y_1 - Y_2)\}N_1/(L_1 M_2 - L_2 M_1) + Z_1$$
$$= \{M_1(X_1 - X_2) + L_1(Y_2 - Y_1)\}N_2/(L_2 M_1 - L_1 M_2) + Z_2 \tag{5-22}$$

5.2.2 三次元直線の交点の認識

2 つの三次元直線が交わる場合とねじれの位置にある場合について，三次元直線の交点を推定し認識する方法について示す．

(1) 2 直線が交わる場合

(5-23) 式で示される 2 直線 ll_1, ll_2 の交点である点 $CP(X_0, Y_0, Z_0)$ を推定し認識する．

$$ll_1 : (x-X_1)/L_1 = (y-Y_1)/M_1 = (z-Z_1)/N_1$$
$$ll_2 : (x-X_2)/L_2 = (y-Y_2)/M_2 = (z-Z_2)/N_2 \tag{5-23}$$

この2直線 ll_1, ll_2 は点 $CP(X_0, Y_0, Z_0)$ を通ることから，(5-23) 式は，(5-24) 式のように表される．

$$ll_1 : (X_0 - X_1)/L_1 = (Y_0 - Y_1)/M_1 = (Z_0 - Z_1)/N_1$$
$$ll_2 : (X_0 - X_2)/L_2 = (Y_0 - Y_2)/M_2 = (Z_0 - Z_2)/N_2 \tag{5-24}$$

(5-24) 式から (5-25) 式が導かれ，その解 X_0 は (5-26) 式で示される．

$$(X_0 - X_1)M_1/L_1 = (Y_0 - Y_1)$$
$$(X_0 - X_2)M_2/L_2 = (Y_0 - Y_2) \tag{5-25}$$

$$X_0 = \{X_1 M_1/L_1 - X_2 M_2/L_2 + (Y_2 - Y_1)\}/(M_1/L_1 - M_2/L_2) \tag{5-26}$$

(5-26) 式により求められた X_0 を (5-24) 式のいずれかに代入し，Y_0, Z_0 を求める．ここでは，(5-24) 式の第1式より Y_0, Z_0 を求める式を (5-27) 式で示す．

$$Y_0 = (X_0 - X_1)M_1/L_1 + Y_1, \quad Z_0 = (X_0 - X_1)N_1/L_1 + Z_1 \tag{5-27}$$

(2) 2直線がねじれの位置にある場合

精度の関係から画像処理で認識した2直線が三次元空間内で交わらず近い位置でねじれの位置にある場合には，図 5-6 に示す2つの直線の距離が最小となる各直線上の点を求め，その中点を2直線の交点として求める．

以下では，(5-28) 式で示す2直線 ll_1, ll_2 の距離が最小となる各直線上の点 PU, PV を求め，その中点である点 $CP(X_0, Y_0, Z_0)$ を交点として推定し認識する．

$$ll_1 : (x - X_1)/L_1 = (y - Y_1)/M_1 = (z - Z_1)/N_1$$
$$ll_2 : (x - X_2)/L_2 = (y - Y_2)/M_2 = (z - Z_2)/N_2 \tag{5-28}$$

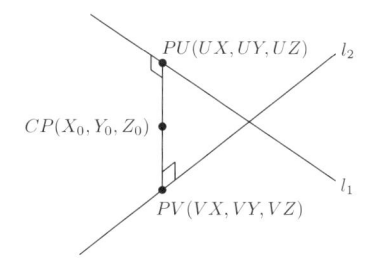

図 5-6 ねじれの位置にある2直線の中心位置

直線 ll_1 において,直線上の任意の点 $U(x,y,z)$ は (5-29) 式で示される.

$$(x-X_1)/L_1 = (y-Y_1)/M_1 = (z-Z_1)/N_1 = k_1$$
$$x = L_1k_1 + X_1,\ y = M_1k_1 + Y_1,\ z = N_1k_1 + Z_1$$
直線 ll_1 上の点 $U:(L_1k_1+X_1, M_1k_1+Y_1, N_1k_1+Z_1)$ \hfill (5-29)

同様に直線 ll_2 においても任意の点 $V(x,y,z)$ は,(5-30) 式で示される.

$$(x-X_2)/L_2 = (y-Y_2)/M_2 = (z-Z_2)/N_2 = k_2$$
直線 ll_2 上の点 $V:(L_2k_2+X_2, M_2k_2+Y_2, N_2k_2+Z_2)$ \hfill (5-30)

よって,2点 U, V 間を示すベクトルは,(5-31) 式となる.

$$\overrightarrow{UV} = (L_2k_2+X_2-L_1k_1-X_1, M_2k_2+Y_2-M_1k_1-Y_1, N_2k_2+Z_2-N_1k_1-Z_1)$$
\hfill (5-31)

また,2直線 ll_1, ll_2 の方向ベクトルをそれぞれ $\vec{l}_1, \vec{l}_2$ とし,(5-32) 式で示す.

$$\vec{l}_1 = (L_1, M_1, N_1),\quad \vec{l}_2 = (L_2, M_2, N_2) \hfill (5\text{-}32)$$

点 PU, PV が2直線の距離が最小となる点となるためには $\overrightarrow{UV} \perp \vec{l}_1, \overrightarrow{UV} \perp \vec{l}_2$ の条件を満たすので,$\overrightarrow{UV} \cdot \vec{l}_1 = 0, \overrightarrow{UV} \cdot \vec{l}_2 = 0$ から (5-33) 式が成立する.

$$\begin{aligned}
&(L_2k_2+X_2-L_1k_1-X_1)L_1 + (M_2k_2+Y_2-M_1k_1-Y_1)M_1 \\
&\quad + (N_2k_2+Z_2-N_1k_1-Z_1)N_1 = 0 \\
&(L_2k_2+X_2-L_1k_1-X_1)L_2 + (M_2k_2+Y_2-M_1k_1-Y_1)M_2 \\
&\quad + (N_2k_2+Z_2-N_1k_1-Z_1)N_2 = 0
\end{aligned} \hfill (5\text{-}33)$$

k_1, k_2 を求めるために (5-33) 式を整理すると,(5-34) 式となる.

$$A_1k_1 - A_{12}k_2 + B_1 = 0,\quad A_{12}k_1 - A_2k_2 + B_2 = 0 \hfill (5\text{-}34)$$

ただし,$A_1 = L_1^2 + M_1^2 + N_1^2,\quad A_2 = L_2^2 + M_2^2 + N_2^2$
$$A_1^2 = L_1L_2 + M_1M_2 + N_1N_2$$
$$B_1 = (X_1-X_2)L_1 + (Y_1-Y_2)M_1 + (Z_1-Z_2)N_1$$
$$B_2 = (X_1-X_2)L_2 + (Y_1-Y_2)M_2 + (Z_1-Z_2)N_2$$

そして,(5-34) 式を解き k_1, k_2 の解 kk_1, kk_2 は,(5-35) 式で求められる.

$$kk_1 = (B_1 A_2 - B_2 A_{12})/(A_{12}^2 - A_1 A_2)$$
$$kk_2 = (B_1 A_{12} - B_2 A_1)/(A_{12}^2 - A_1 A_2) \tag{5-35}$$

そして，kk_1, kk_2 から距離が最小となる 2 直線上の点 PU, PV および，その中点である $MP(X_0, Y_0, Z_0)$ は，(5-36) 式で求められる．

$$UX = L_1 kk_1 + X_1, \ UY = M_1 kk_1 + Y_1, \ UZ = N_1 kk_1 + Z_1$$
$$VX = L_2 kk_2 + X_2, \ VY = M_2 kk_2 + Y_2, \ VZ = N_2 kk_2 + Z_2$$
$$X_0 = (UX + VX)/2, \ Y_0 = (UY + VY)/2, \ Z_0 = (UZ + VZ)/2 \tag{5-36}$$

【例題 5.4】

(5-37) 式で与える 2 つの三次元直線の交点 $CP(X_0, Y_0, Z_0)$ を認識する．

$$ll_1 : (x - (-1))/1 = (y - 5)/2 = z/(-4)$$
$$ll_2 : (x - (-6))/2 = (y - 5)/(-1) = (z - 10)/(-3) \tag{5-37}$$

2 つの直線の式より係数 $L_1, M_1, N_1, X_1, Y_1, Z_1, L_2, M_2, N_2, X_2, Y_2, Z_2$ は，(5-38) 式となる．

$$L_1 = 1, \ M_1 = 2, \ N_1 = -4, \ X_1 = -1, \ Y_1 = 5, \ Z_1 = 0$$
$$L_2 = 2, \ M_2 = -1, \ N_2 = -3, \ X_2 = -6, \ Y_2 = 5, \ Z_2 = 10 \tag{5-38}$$

これらの変数を (5-22) 式に代入した左辺と右辺の値は，(5-39) 式となる．

$$左辺 = \{M_2(X_2 - X_1) + L_2(Y_1 - Y_2)\} N_1/(L_1 M_2 - L_2 M_1) + Z_1 = 4$$
$$右辺 = \{M_1(X_1 - X_2) + L_1(Y_2 - Y_1)\} N_2/(L_2 M_1 - L_1 M_2) + Z_2 = 4$$
$$\tag{5-39}$$

(5-22) 式の左辺と右辺が等しいことから，2 つの三次元直線には交点が存在する．そこで，(5-38) 式を (5-26) 式に代入し，(5-40) 式より X_0 を求める．

$$X_0 = \{X_1 M_1/L_1 - X_2 M_2/L_2 + (Y_2 - Y_1)\}/(M_1/L_1 - M_2/L_2) = -2 \tag{5-40}$$

X_0 を (5-27) 式に代入することで，Y_0, Z_0 は，(5-41) 式となる．

$$X_0 = -2, \quad Y_0 = 3, \quad Z_0 = 4 \tag{5-41}$$

よって2つの直線の交点 CP は $(-2, 3, 4)$ と認識する．

【例題 5.5】
(5-42) 式で与える2つの三次元直線の交点 $CP(X_0, Y_0, Z_0)$ を認識する．

$$
\begin{aligned}
&ll_1 : (x-1)/(-2) = (y-(-4))/(1) = (z-(-1))/2 \\
&ll_2 : (x-8)/3 = (y-3)/(-1) = (z-2)/1
\end{aligned} \tag{5-42}
$$

2つの直線の式より $L_1, M_1, N_1, X_1, Y_1, Z_1, L_2, M_2, N_2, X_2, Y_2, Z_2$ は (5-43) 式となる．

$$
\begin{aligned}
&L_1 = -2,\ M_1 = 1,\ N_1 = 2,\ X_1 = 1,\ Y_1 = -4,\ Z_1 = -1 \\
&L_2 = 3,\ M_2 = -1,\ N_2 = 1,\ X_2 = 8,\ Y_2 = 3,\ Z_2 = 2
\end{aligned} \tag{5-43}
$$

これらの変数を (5-22) 式に代入した際の左辺と右辺は (5-44) 式となる．

$$
\begin{aligned}
\text{左辺} &= \{M_2(X_2 - X_1) + L_2(Y_1 - Y_2)\}N_1/(L_1M_2 - L_2M_1) + Z_1 = 55 \\
\text{右辺} &= \{M_1(X_1 - X_2) + L_1(Y_2 - Y_1)\}N_2/(L_2M_1 - L_1M_2) + Z_2 = 19
\end{aligned}
$$

$$\tag{5-44}$$

(5-22) 式の左辺と右辺が等しくないことから，2つの三次元直線には交点が存在せず，ねじれの位置にある．そこで，(5-43) 式を (5-34) 式に代入し，k_1, k_2 を求める．ここで，(5-34) 式中の $A_1, A_2, A_{12}, B_1, B_2$ を求めると (5-45) 式となる．

$$
\begin{aligned}
&A_1 = L_1^2 + M_1^2 + N_1^2 = 9,\ A_2 = L_2^2 + M_2^2 + N_2^2 = 11 \\
&A_{12} = L_1L_2 + M_1M_2 + N_1N_2 = -5 \\
&B_1 = (X_1 - X_2)L_1 + (Y_1 - Y_2)M_1 + (Z_1 - Z_2)N_1 = 1 \\
&B_2 = (X_1 - X_2)L_2 + (Y_1 - Y_2)M_2 + (Z_1 - Z_2)N_2 = -17
\end{aligned} \tag{5-45}
$$

(5-35) 式より kk_1, kk_2 は (5-46) 式のように求められる．

$$
\begin{aligned}
kk_1 &= (B_1A_2 - B_2A_{12})/(A_{12}^2 - A_1A_2) = 1 \\
kk_2 &= (B_1A_{12} - B_2A_1)/(A_{12}^2 - A_1A_2) = -2
\end{aligned} \tag{5-46}
$$

そして，kk_1, kk_2 から距離が最小となる2直線上の点 PU, PV は (5-47) 式となる．その結果，それら2点の中点である $MP(X_0, Y_0, Z_0)$ は，$MP(1/2, 1, 1/2)$

と認識する.

$$UX = L_1kk_1 + X_1 = -1, \ UY = M_1kk_1 + Y_1 = -3, \ UZ = N_1kk_1 + Z_1 = 1$$
$$VX = L_2kk_2 + X_2 = 2, \ VY = M_2kk_2 + Y_2 = 5, \ VZ = N_2kk_2 + Z_2 = 0$$
(5-47)

5.3 三次元空間内での点の位置座標の認識

2台のカメラを用いて三次元空間内の任意の点の三次元座標値を推定し認識する.その際,カメラを同一方向に設置する場合と垂直方向に設置する場合の2通りがある.そこで,以下では,それぞれの場合について三次元位置座標の認識手法について述べる.

5.3.1 同一方向の2台のカメラによる点の位置座標の認識

基準座標系 $(XU\text{-}YU\text{-}ZU)$ に2台のカメラ C_1, C_2 が図 5-7 に示すように同一方向に設置されている.そして,それぞれのカメラの焦点位置を $FU_1(XF_1, YF_1, ZF_1)$, $FU_2(XF_2, YF_2, ZF_2)$,焦点からCCD平面までの距離をそれぞれ d_1, d_2 とする.カメラの座標系を C_1 で $(CX_1\text{-}CY_1\text{-}CZ_1)$, C_2 では $(CX_2\text{-}CY_2\text{-}CZ_2)$ とし,焦点である原点は異なるが座標系の3軸は同一方向とする.

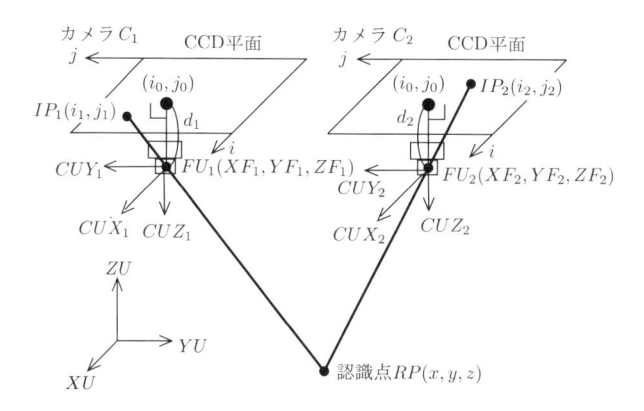

図 5-7 同一方向の2台のカメラによる基準座標系内の任意の点の認識

基準座標系内の任意の点 $RP(x, y, z)$ がそれぞれのカメラの CCD 平面上の $IP_1(i_1, j_1)$, $IP_2(i_2, j_2)$ に投影されていれば，点 RP の三次元座標は以下のように求められる．

カメラ C_1, C_2 の入力画像から点 RP を通る三次元直線は，(5-7) 式より (5-48) 式となる．

$$ll_1 : (x - XF_1)/l_1 = (y - YF_1)/m_1 = (z - ZF_1)/n_1 \\ ll_2 : (x - XF_2)/l_2 = (y - YF_2)/m_2 = (z - ZF_2)/n_2 \tag{5-48}$$

求められた2つの三次元直線の交点を求めることにより，$CP(X_0, Y_0, Z_0)$ の三次元座標を推定し認識する．

【例題 5.6】

基準座標系に下向きに2台のカメラを設置し，三次元空間内の任意の点を認識する．

(A) 基準座標系内でのカメラ位置の設置

基準座標系 $(XU\text{-}YU\text{-}ZU)$ 内に2台のカメラ C_1, C_2 を図 5-8 に示すように下向きに設置する．2台のカメラの焦点位置を $FU_1(200, 100, 200)$, $FU_2(200, 300, 200)$ とする．また，カメラは下向きに設置しているので，2台のカメラの基準座標系での3軸単位ベクトル CUX_1, CUY_1, CUZ_1 と CUX_2, CUY_2, CUZ_2 の基準座標系での3軸単位ベクトル SX_1, SY_1, SZ_1 と SX_2, SY_2, SZ_2 は，$SX_1 = SX_2$ で $(1, 0, 0)$，$SY_1 = SY_2$ で $(0, -1, 0)$，$SZ_1 = SZ_2$ で $(0, 0, -1)$ となる．

基準座標系内の認識点 $RP(x, y, z)$ がカメラ C_1 の CCD 平面上の $IP_1(270, 300)$ に，カメラ C_2 の CCD 平面上の $IP_2(270, 100)$ に投影されている．

基準座標系内の認識点 $RP(x, y, z)$ の三次元位置座標を推定する．

(B) カメラ座標系の設定

2台のカメラ C_1, C_2 共に焦点から CCD 平面までの距離を 100，カメラ座標系の CZ_1, CZ_2 軸と CCD 平面との交点 (i_0, j_0) をいずれのカメラでも $(320, 200)$ とする．

5.3 三次元空間内での点の位置座標の認識　119

図 5-8 において、2台のカメラが下方向に向けて設置されている場合の図。カメラ C_1、カメラ C_2 の CCD 平面上に $IP_1(270,300)$、$IP_2(270,100)$ が示され、$(320,200)$ 点、距離 100、$FU_1(200,100,200)$、$FU_2(200,300,200)$、CUX_1, CUY_1, CUZ_1、CUX_2, CUY_2, CUZ_2、基準座標系 XU-YU-ZU、認識点 $RP(x,y,z)$ が示されている。

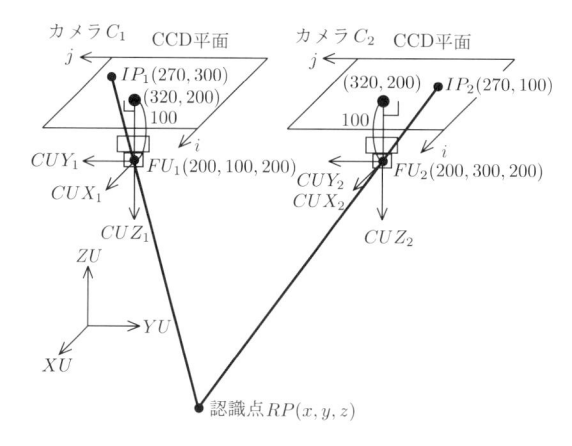

図 5-8 2台のカメラが下方向に向けて設置されている場合

(C) カメラ座標系での点 RP を通る三次元直線

カメラ C_1 のカメラ座標系において，認識点 RP を (X,Y,Z) で示す．認識点 RP は CCD 平面上の $IP_1(270,300)$ に投影されており，CZ_1，CZ_2 軸と CCD 平面との交点 (i_0, j_0) がいずれも $(320, 200)$，焦点から CCD 平面までの距離が 100 であることから，(5-2) 式より点 IP_1 と点 RP を通る三次元直線の式は (5-49) 式となる．

$$\begin{aligned}&X/(270-320)=Y/(300-200)=Z/(-100)\\&X/1=Y/(-2)=Z/2\end{aligned} \quad (5\text{-}49)$$

同様に，カメラ C_2 のカメラ座標系において，点 RP を通る三次元直線は (5-50) 式となる．

$$\begin{aligned}&X/(270-320)=Y/(100-200)=Z/(-100)\\&X/1=Y/2=Z/2\end{aligned} \quad (5\text{-}50)$$

(D) 三次元直線のカメラ座標系から基準座標系への変換

カメラ座標系 (CX_1-CY_1-CZ_1) において (5-49) 式により，三次元直線の方向余弦は $(1,-2,2)$ となり，単位ベクトルに変換すると $LV_1(1/3,-2/3,2/3)$ となる．そこで，三次元直線の単位方向ベクトル LV_1 とカメラ座標系での3軸単位ベクトル $CUX(1,0,0)$, $CUY(0,-1,0)$, $CUZ(0,0,-1)$ とのなす角度

$\alpha_1, \beta_1, \gamma_1$ は，(5-6) 式より (5-51) 式で求められる．

$$\cos(\alpha_1) = 1/3, \quad \cos(\beta_1) = -2/3, \quad \cos(\gamma_1) = 2/3 \tag{5-51}$$

カメラ座標系での三次元直線を基準座標系に変換するため，角度 $\alpha_1, \beta_1, \gamma_1$ および，基準座標系での 3 軸単位ベクトル SX_1, SY_2, SZ_3 と三次元直線の単位方向ベクトル (l_1, m_1, n_1) を (5-8) 式に代入すると，(5-52) 式となる．

$$\begin{aligned} 1/3 &= l_1 \times 1 + m_1 \times 0 + n_1 \times 0 \\ -2/3 &= l_1 \times 0 + m_1 \times (-1) + n_1 \times 0 \\ 2/3 &= l_1 \times 0 + m_1 \times 0 + n_1 \times (-1) \end{aligned} \tag{5-52}$$

(5-52) 式から，$l_1 = 1/3, m_1 = 2/3, n_1 = -2/3$ となる．そして，この単位方向ベクトルを有する三次元直線は，基準座標系の $RP(x, y, z)$ と焦点位置 $FU_1(200, 100, 200)$ を通ることから，三次元直線は (5-53) 式のように示される．

$$(x - 200)/1 = (y - 100)/2 = (z - 200)/(-2) \tag{5-53}$$

同様に，カメラ C_2 において，(5-50) 式で表される三次元直線をカメラ座標系から基準座標系へ変換すると，三次元直線は (5-54) 式となる．

$$(x - 200)/1 = (y - 300)/(-2) = (z - 200)/(-2) \tag{5-54}$$

(E) 2 つの三次元直線の交点の認識

(5-53)，(5-54) 式により示される 2 つの直線の式と (5-23) 式より $L_1, M_1, N_1, X_1, Y_1, Z_1, L_2, M_2, N_2, X_2, Y_2, Z_2$ は (5-55) 式となる．

$$\begin{aligned} L_1 &= 1, \ M_1 = 2, \ N_1 = -2, \ X_1 = 200, \ Y_1 = 100, \ Z_1 = 200 \\ L_2 &= 1, \ M_2 = -2, \ N_2 = -2, \ X_2 = 200, \ Y_2 = 300, \ Z_2 = 200 \end{aligned} \tag{5-55}$$

これらの変数を (5-22) 式に代入した際の左辺と右辺は (5-56) 式となる．

$$\begin{aligned} \text{左辺} &= \{M_2(X_2 - X_1) + L_2(Y_1 - Y_2)\}N_1/(L_1M_2 - L_2M_1) + Z_1 = 100 \\ \text{右辺} &= \{M_1(X_1 - X_2) + L_1(Y_2 - Y_1)\}N_2/(L_2M_1 - L_1M_2) + Z_2 = 100 \end{aligned}$$
$$\tag{5-56}$$

(5-22) 式の左辺と右辺が等しいことから，2 つの三次元直線には交点が存在する．そこで，(5-55) 式を (5-26) 式に代入し，(5-57) 式より X_0 を求める．

$$X_0 = \{X_1 M_1/L_1 - X_2 M_2/L_2 + (Y_2 - Y_1)\}/(M_1/L_1 - M_2/L_2) = 250 \quad (5\text{-}57)$$

X_0 を (5-27) 式に代入することで，交点 $CP(X_0, Y_0, Z_0)$ は (5-58) 式の値となる．

$$X_0 = 250, \; Y_0 = 200, \; Z_0 = 100 \quad (5\text{-}58)$$

求められた交点 $CP(250, 200, 100)$ が基準座標系における認識点 RP と認識する．

5.3.2 垂直方向の 2 台のカメラによる点の位置座標の認識

基準座標系 (XU-YU-ZU) に 2 台のカメラ C_1, C_2 を図 5-9 に示すように垂直の方向に設置している．そして，それぞれのカメラの基準座標系での焦点位置を $FU_1(XF_1, YF_1, ZF_1)$, $FU_2(XF_2, YF_2, ZF_2)$，焦点から CCD 平面までの距離を d_1, d_2 とする．カメラの座標系を C_1 で (CX_1-CY_1-CZ_1)，C_2 で (CX_2-CY_2-CZ_2) とし，カメラの CZ 軸が直交するように設置している．

そして，基準座標系内の任意の点 $RP(x, y, z)$ がそれぞれのカメラの CCD

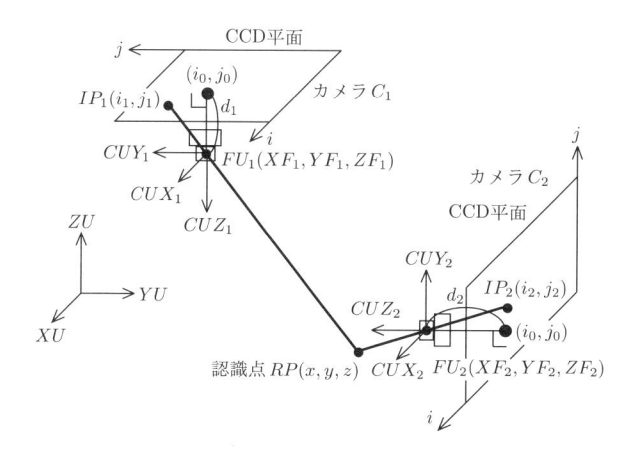

図 5-9 2 台のカメラの設置方向が異なる場合の基準座標系内の任意の点の認識

平面上の $IP_1(i_1, j_1)$, $IP_2(i_2, j_2)$ に投影されている場合に，点 RP の三次元座標を以下のように認識する．

まず，カメラ C_1, C_2 の入力画像から点 RP を通る三次元直線 ll_1, ll_2 を (5-7) 式より求めると (5-59) 式となる．

$$ll_1 : (x - XF_1)/l_1 = (y - YF_1)/m_1 = (z - ZF_1)/n_1 \\ ll_2 : (x - XF_2)/l_2 = (y - YF_2)/m_2 = (z - ZF_2)/n_2 \tag{5-59}$$

求められた2つの三次元直線の交点を求めることにより，$CP(X_0, Y_0, Z_0)$ の三次元座標を認識する．

【例題 5.7】

基準座標系 (XU-YU-ZU) に2台のカメラ C_1, C_2 を図 5-10 に示すように垂直方向に設置している．基準座標系内のある点 $RP(x, y, z)$ がカメラ C_1 の CCD 平面上の $IP_1(270, 250)$ に，カメラ C_2 の CCD 平面上の $IP_2(270, 150)$ に投影されている．またそれぞれのカメラの基準座標系での焦点位置を $FU_1(120, 100, 220)$, $FU_2(100, 200, 50)$ とし，2台のカメラ (C_1, C_2) 共に焦点から CCD 平面までの距離を 100，カメラ座標系の CZ_1, CZ_2 軸と CCD 平面との交点 (i_0, j_0) をいずれも $(320, 200)$ とする．

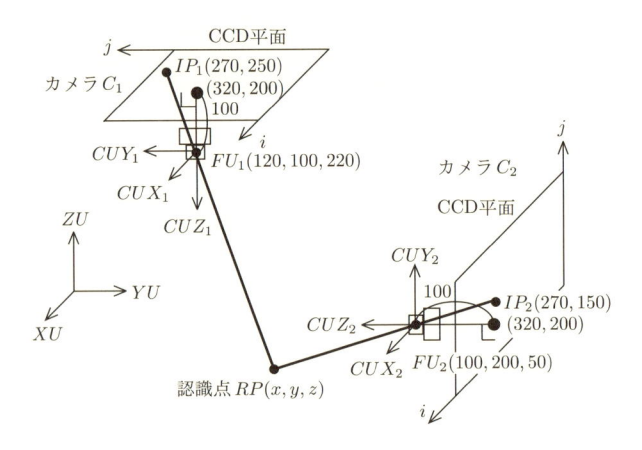

図 5-10 2台のカメラの設置方向が垂直である場合

また，カメラ C_1 の3軸単位ベクトルの基準座標系での3軸単位ベクトル SX_1, SY_1, SZ_1 は，それぞれ $(1,0,0)$, $(0,-1,0)$, $(0,0,-1)$ であり，カメラ C_2 の SX_2, SY_2, SZ_2 は，$(1,0,0)$, $(0,0,1)$, $(0,-1,0)$ である．

基準座標系での認識点 $RP(x,y,z)$ の三次元座標を認識する．

(A) カメラ座標系で点 RP を通る三次元直線

カメラ C_1 のカメラ座標系において，点 $RP(X,Y,Z)$ とし，CCD 平面上の $IP_1(270, 250)$ に投影されており，CZ_1 軸と CCD 平面との交点 (i_0, j_0) が $(320, 200)$，焦点から CCD 平面までの距離が 100 であることから，(5-2) 式より点 IP_1 と点 $RP(X,Y,Z)$ を通る三次元直線の式は (5-60) 式となる．

$$\begin{aligned} &X/(270-320) = Y/(250-200) = Z/(-100) \\ &X/(-1) = Y/1 = Z/(-2) \end{aligned} \tag{5-60}$$

同様に，カメラ C_2 のカメラ座標系において，点 $RP(X,Y,Z)$ を通る三次元直線の式は (5-61) 式となる．

$$X/1 = Y/1 = Z/2 \tag{5-61}$$

(B) 三次元直線のカメラ座標系から基準座標系への変換

(5-60) 式により，カメラ C_1 のカメラ座標系において三次元直線の方向ベクトルは $(-1, 1, -2)$ となり，それを単位方向ベクトルに変換すると $LV_1(-1/\sqrt{6}, 1/\sqrt{6}, -2/\sqrt{6})$ となる．そこで，カメラ座標系において，三次元直線の単位方向ベクトル LV_1 とカメラの3軸単位ベクトル $CUX_1(1,0,0)$, $CUY_1(0,1,0)$, $CUZ_1(0,0,1)$ とのなす角度 α_1, β_1, γ_1 は (5-6) 式より (5-62) 式となる．

$$\cos(\alpha_1) = -1/\sqrt{6}, \quad \cos(\beta_1) = 1/\sqrt{6}, \quad \cos(\gamma_1) = -2/\sqrt{6} \tag{5-62}$$

カメラ座標系での三次元直線を基準座標系に変換するため，角度 α_1, β_1, γ_1 および，基準座標系での3軸単位ベクトル $SX_1(1,0,0)$, $SY_1(0,-1,0)$, $SZ_1(0,0,-1)$ と三次元直線の単位方向ベクトル (l_1, m_1, n_1) を (5-8) 式に代入し，(5-63) 式となる．

$$\begin{aligned} -1/\sqrt{6} &= l_1 \times 1 + m_1 \times 0 + n_1 \times 0 \\ 1/\sqrt{6} &= l_1 \times 0 + m_1 \times (-1) + n_1 \times 0 \\ -2/\sqrt{6} &= l_1 \times 0 + m_1 \times 0 + n_1 \times (-1) \end{aligned} \tag{5-63}$$

(5-63) 式を解くと, $l_1 = -1/\sqrt{6}, m_1 = -1/\sqrt{6}, n_1 = 2/\sqrt{6}$ となる. そして, 基準座標系では三次元直線が認識点 $RP(x, y, z)$ と焦点位置を $FU_1(120, 100, 220)$ を通ることから, 三次元直線は (5-64) 式で示される.

$$(x - 120)/1 = (y - 100)/1 = (z - 220)/(-2) \tag{5-64}$$

同様に, カメラ C_2 において, (5-61) 式で表される三次元直線をカメラ座標系から基準座標系へ変換すると, 三次元直線は (5-65) 式で示される.

$$(x - 100)/1 = (y - 200)/(-2) = (z - 50)/1 \tag{5-65}$$

(C) ねじれの位置にある2つの三次元直線からの中点 CP の認識

2つの直線の式と (5-28) 式より係数 $L_1, M_1, N_1, X_1, Y_1, Z_1, L_2, M_2, N_2, X_2, Y_2, Z_2$ は (5-66) 式で与えられる.

$$\begin{aligned} &L_1 = 1,\ M_1 = 1,\ N_1 = -2,\ X_1 = 120,\ Y_1 = 100,\ Z_1 = 220 \\ &L_2 = 1,\ M_2 = -2,\ N_2 = 1,\ X_2 = 100,\ Y_2 = 200,\ Z_2 = 50 \end{aligned} \tag{5-66}$$

これらの変数を (5-22) 式に代入した際の左辺と右辺は (5-67) 式となる.

$$\begin{aligned} 左辺 &= \{M_2(X_2 - X_1) + L_2(Y_1 - Y_2)\}N_1/(L_1M_2 - L_2M_1) + Z_1 = 180 \\ 右辺 &= \{M_1(X_1 - X_2) + L_1(Y_2 - Y_1)\}N_2/(L_2M_1 - L_1M_2) + Z_2 = 90 \end{aligned}$$
$$\tag{5-67}$$

(5-67) 式の左辺と右辺が等しくないことから, 2つの三次元直線には交点が存在せず, ねじれの位置にある. そこで, (5-66) 式を (5-34) 式に代入し, kk_1, kk_2 を求める. ここで, (5-34) 式中の係数 $A_1, A_2, A_{12}, B_1, B_2$ は, (5-68) 式で求められる.

$$\begin{aligned} &A_1 = L_1^2 + M_1^2 + N_1^2 = 6, A_2 = L_2^2 + M_2^2 + N_2^2 = 6 \\ &A_{12} = L_1L_2 + M_1M_2 + N_1N_2 = -3 \\ &B_1 = (X_1 - X_2)L_1 + (Y_1 - Y_2)M_1 + (Z_1 - Z_2)N_1 = -420 \\ &B_2 = (X_1 - X_2)L_2 + (Y_1 - Y_2)M_2 + (Z_1 - Z_2)N_2 = 390 \end{aligned} \tag{5-68}$$

(5-35) 式より kk_1, kk_2 は, (5-69) 式で与えられる.

$$\begin{aligned} kk_1 &= (B_1A_2 - B_2A_{12})/(A_{12}^2 - A_1A_2) = 50 \\ kk_2 &= (B_1A_{12} - B_2A_1)/(A_{12}^2 - A_1A_2) = 40 \end{aligned} \tag{5-69}$$

そして，kk_1, kk_2 から距離が最小となる 2 直線上の点 $PU(UX, UY, UZ)$, $PV(VX, VY, VZ)$ は (5-70) 式で求められる．その結果，2 点の中点である $CP(X_0, Y_0, Z_0)$ は，$(155, 135, 105)$ となる．

$$
\begin{aligned}
&UX = L_1 kk_1 + X_1 = 170, \ UY = M_1 kk_1 + Y_1 = 150, \\
&\quad UZ = N_1 kk_1 + Z_1 = 120 \\
&VX = L_2 kk_2 + X_2 = 140, \ VY = M_2 kk_2 + Y_2 = 120, \\
&\quad VZ = N_2 kk_2 + Z_2 = 90
\end{aligned}
\tag{5-70}
$$

$CP(155, 135, 105)$ を認識点 RP と認識する．ただし，ねじれの位置で PU, PV の座標値があまり大きな差がある場合には認識の精度が低く注意する必要がある．

■参考文献

[1] 矢野健太郎：『解析幾何学演習』，朝倉書店, (1967).
[2] 齋藤正彦：『線形代数入門』，東京大学出版会, (2002).
[3] 寺田文行, 木村宣昭：『線形代数の基礎』，サイエンス社, (2003).

第6章

CAD図形情報との比較による認識手法

　三次元 CAD の普及により部品，製品の CAD 図形がデジタル化した DXF ファイルとして与えられるので，画像処理における対象物の認識過程に CAD 図形情報を付加し，対象物の形状認識に必要な特徴量を DXF ファイルから取り出せば，処理時間の短縮を図ることが可能である．そこで，画像処理に CAD 図形情報を組み合わせた対象物の認識手法について述べる．

6.1　CAD 図形情報

　三次元 CAD 図形は，図形としてモニタやプリンタに表示される形式と，数値データに変換され DXF ファイル内に線分，円弧，ポリライン，文字，頂点および三次元平面などに分解され，格納されている形式がある．二次元の画像処理手法と組み合わせるためには三次元 CAD 図形を二次元 CAD 図形に変換し，特徴量を求めて使用する場合および三次元 CAD 図形の DXF ファイルの数値を直接使用する場合がある（図 6-1）．

6.1.1　DXF ファイル

　DXF ファイルは図 6-2 に示す HEADER セクション，CLASSES セクション，TABLES セクション，BLOCKS セクション，ENTITIES セクション，OBJECTS セクション，THUMBNAILIMAGE セクションの 7 つのセクションから構成されている．

　図形の形状に関する情報は，ENTITIES セクションに保存されている．保存されている情報は，線分，円，円弧，文字などである．この ENTITIES セ

クションに，二次元 CAD 図形や三次元 CAD 図形の情報が保存されている．

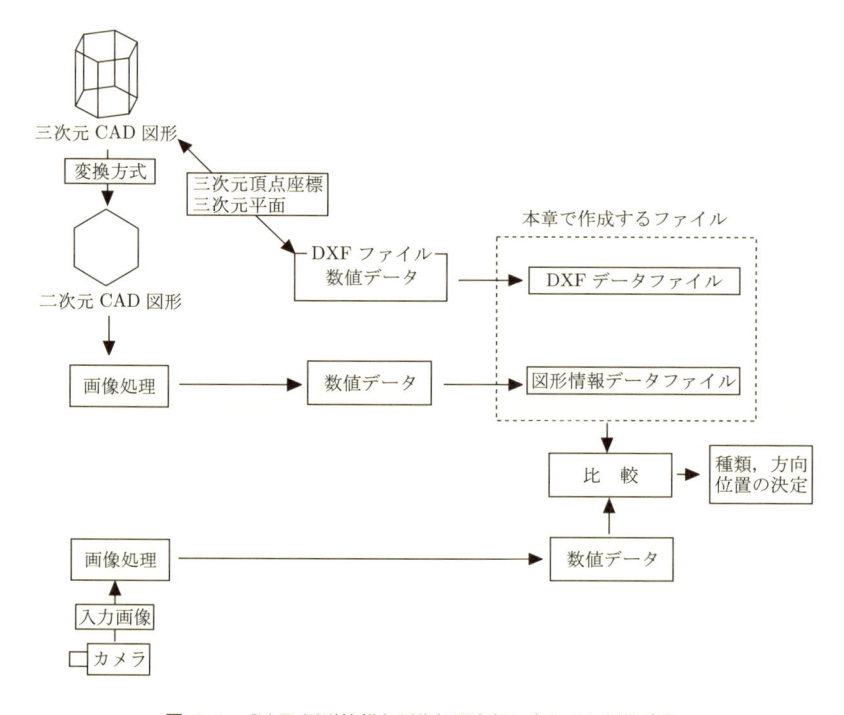

図 6-1 CAD 図形情報と画像処理を組み合わせた認識手法

図 6-2 DXF ファイルの構成内容

- HEADER（ヘッダ）セクション
- CLASSES（クラス）セクション
- TABLES（テーブル）セクション
- BLOCKS（ブロック）セクション
- ENTITES（エンティティ）セクション
- OBJECTS（オブジェクト）セクション
- THUMBNAILIMAGE（サムネールイメージ）セクション

6.1.2 ENTITIES セクションの数値情報

ENTITIES セクション内の数値データから図 6-3 に示す三次元の面を構成している頂点の座標値と，その頂点上での面の法線方向を取り出す．この座標値と法線ベクトルによって，曲面である面をも認識することが可能となる．さらに，この情報から辺とその長さなど，入力画像の対象物と比較するためのCAD 図形の特徴量を算出することが可能である．そこで，DXF ファイルのENTITIES セクションから頂点や面情報などの認識に必要な数値データを取り出し，そのデータをデータファイル化する．このデータファイルを以下では，DXF データファイルということにする．

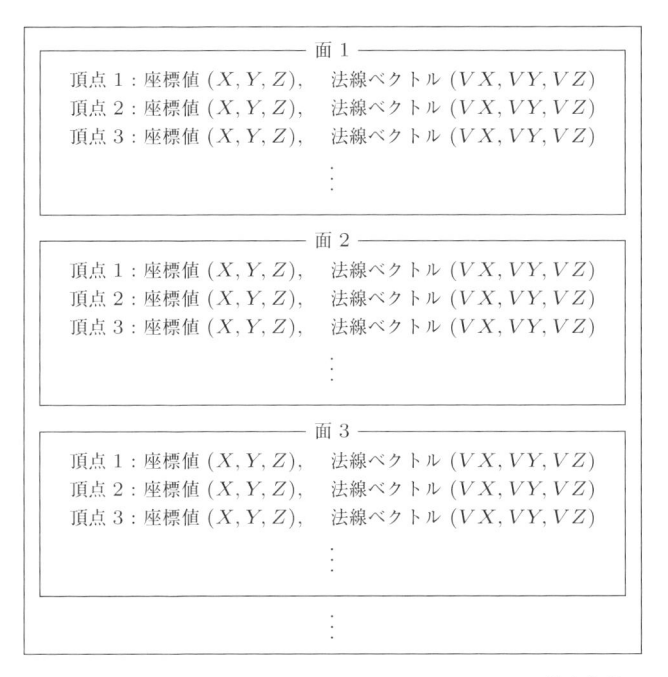

```
─────────── 面 1 ───────────
頂点 1：座標値 (X, Y, Z)，  法線ベクトル (VX, VY, VZ)
頂点 2：座標値 (X, Y, Z)，  法線ベクトル (VX, VY, VZ)
頂点 3：座標値 (X, Y, Z)，  法線ベクトル (VX, VY, VZ)
                    ⋮
─────────── 面 2 ───────────
頂点 1：座標値 (X, Y, Z)，  法線ベクトル (VX, VY, VZ)
頂点 2：座標値 (X, Y, Z)，  法線ベクトル (VX, VY, VZ)
頂点 3：座標値 (X, Y, Z)，  法線ベクトル (VX, VY, VZ)
                    ⋮
─────────── 面 3 ───────────
頂点 1：座標値 (X, Y, Z)，  法線ベクトル (VX, VY, VZ)
頂点 2：座標値 (X, Y, Z)，  法線ベクトル (VX, VY, VZ)
頂点 3：座標値 (X, Y, Z)，  法線ベクトル (VX, VY, VZ)
                    ⋮
                    ⋮
```

図 6-3 DXF ファイルの ENTITIES セクションからの抽出情報

6.1.3 三次元 CAD 図形の二次元 CAD 図形への変換

対象物の三次元 CAD 図形を任意の視点から見た二次元 CAD 図形に DXF データファイルを使用して変換する．

(1) 三次元 CAD 図形の回転変換

三次元 CAD 図形を任意の視点から見た二次元図形に変換するために，DXFデータファイル内の三次元頂点座標で示される図形を三次元空間内で回転させる（図 6-4）．

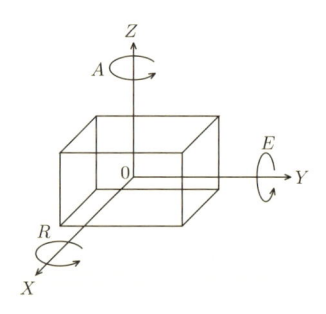

図 6-4 X，Y，Z 軸における三次元図形の回転方向と角度

三次元空間 $(X\text{-}Y\text{-}Z)$ 内の任意の点を (x,y,z) とし，X 軸回りの回転角度を R，Y，Z 軸のそれらを E，A とする．X 軸の回転角度による座標変換は (6-1) 式で与えられる．変換後の座標を示す縦ベクトルを $(XX,YY,ZZ)'$ とする．Y，Z 軸回りの回転についても同様に (6-2)，(6-3) 式から求めることができる．

① X 軸の回転

$$(XX,YY,ZZ)' = \begin{pmatrix} 1 & 0 & 0 \\ 0 & \cos R & -\sin R \\ 0 & \sin R & \cos R \end{pmatrix} (x,y,z)' = MR(x,y,z)' \quad (6\text{-}1)$$

② Y 軸の回転

$$(XX,YY,ZZ)' = \begin{pmatrix} \cos E & 0 & \sin E \\ 0 & 1 & 0 \\ -\sin E & 0 & \cos E \end{pmatrix} (x,y,z)' = ME(x,y,z)' \quad (6\text{-}2)$$

③ Z 軸の回転

$$(XX,YY,ZZ)' = \begin{pmatrix} \cos A & -\sin A & 0 \\ \sin A & \cos A & 0 \\ 0 & 0 & 1 \end{pmatrix} (x,y,z)' = MA(x,y,z)' \quad (6\text{-}3)$$

三次元空間 $(X\text{-}Y\text{-}Z)$ から，(6-1), (6-2), (6-3) 式を用いて図形の全ての頂点を回転させた三次元空間 (X_1, Y_1, Z_1) は，(6-4) 式で示すことができる．

$$(X_1, Y_1, Z_1)' = MA \cdot ME \cdot MR(x, y, z)' = M(x, y, z)' \tag{6-4}$$

$M = MA \cdot ME \cdot MR$ の行列の 1 列，2 列，3 列に対応する縦ベクトルが変換後の三次元空間の座標軸を示す単位ベクトルである．MA, ME, MR, M を変換行列という．

(2) 二次元 CAD 図形の作成

回転させた三次元 CAD 図形を二次元 CAD 図形に変換する．図 6-5 に示す図形の頂点の三次元座標 $A_l(AX_l, AY_l, AZ_l)$ を二次元座標 $M_l(MX_l, MY_l)$ に変換する．(X, Y) 面に平行な仮想スクリーンを Z 軸の $Z = SC$ の位置に設定する．視点の位置 VP も Z 軸上の $Z = -D$ に設定する．視点 VP から対象物を見て頂点 A_l は，仮想スクリーン上の点 M_l に対応し，その関係は (6-5) 式で与えられる．

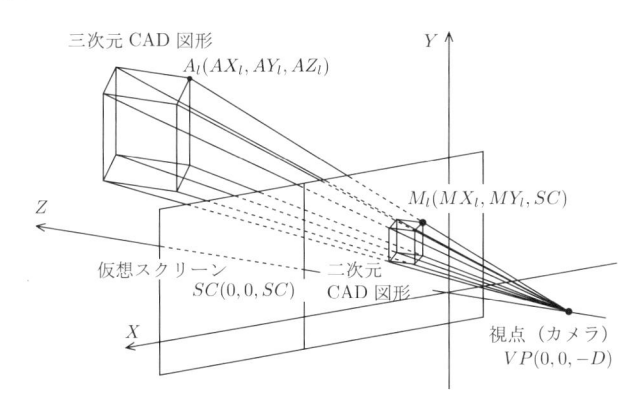

図 6-5 CAD 図形の三次元座標から二次元座標への変換

$$MX_l = (D+SC) \times AX_l / (D+AZ_l), \quad MY_l = (D+SC) \times AY_l / (D+AZ_l)$$

$$l = 1, 2, \cdots, Nc \qquad Nc は三次元 CAD 図形の頂点数 \tag{6-5}$$

(6-5) 式により，仮想空間内の三次元 CAD 図形を任意の視点から見た二次元 CAD 図形として画面上に表示できる．この二次元 CAD 図形は，カメラか

らの入力画像と同一であるので図形情報として画像処理手法を用いて特徴量を求めることができる．以下で，三次元 CAD 図形より (6-5) 式で求めた二次元 CAD 図形の特徴量をデータファイル化したものを図形情報データファイルということにする．

【例題 6.1】

直方体の 8 頂点の三次元座標値が表 6-1 となる直方体を X 軸回りに $R = \pi/4$ 回転させた場合の座標値を求める．

表 6-1 直方体の 8 頂点の座標値

①	$(1, -2, 1)$	②	$(1, 2, 1)$	③	$(-1, 2, 1)$	④	$(-1, -2, 1)$
⑤	$(1, -2, -1)$	⑥	$(1, 2, -1)$	⑦	$(-1, 2, -1)$	⑧	$(-1, -2, -1)$

(6-5) 式において，変換行列 MR 内の要素は，$\cos(\pi/4) = 1/\sqrt{2}$, $\sin(\pi/4) = 1/\sqrt{2}$ であるので，変換式は (6-6) 式であり，左辺のベクトルの要素は，(6-7) 式となる．

$$(XX, YY, ZZ)' = \begin{pmatrix} 1 & 0 & 0 \\ 0 & 1/\sqrt{2} & -1/\sqrt{2} \\ 0 & 1/\sqrt{2} & 1/\sqrt{2} \end{pmatrix} (x, y, z)' \tag{6-6}$$

$$XX = x, \quad YY = (y - z)/\sqrt{2}, \quad ZZ = (y + z)/\sqrt{2} \tag{6-7}$$

(6-7) 式より与えられた 8 頂点の座標値は，表 6-2 となる．

表 6-2 X 軸で $R = \pi/4$ 回転した後の座標値

①	$(1, -3/\sqrt{2}, -1/\sqrt{2})$	②	$(1, 1/\sqrt{2}, 3/\sqrt{2})$	③	$(-1, 1/\sqrt{2}, 3/\sqrt{2})$
④	$(-1, -3/\sqrt{2}, -1/\sqrt{2})$	⑤	$(1, -1/\sqrt{2}, -3/\sqrt{2})$	⑥	$(1, 3/\sqrt{2}, 1/\sqrt{2})$
⑦	$(-1, 3/\sqrt{2}, 1/\sqrt{2})$	⑧	$(-1, -1/\sqrt{2}, -3/\sqrt{2})$		

【例題 6.2】

三次元 CAD 図形の 8 頂点座標値が表 6-1 で与えられている．これらの点を視点 VP を $Z = -D = -5$ に設定し，スクリーンの位置を $Z = SC = 10$ に設定する．仮想スクリーン上の二次元頂点座標値を求める．

仮想スクリーン上の二次元頂点座標値は，(6-5) 式から表 6-3 で与えられる．例えば，頂点①$(1, -2, 1)$ は，(6-8) 式より頂点 $(5/2, -5)$ となる．

$$MX_1 = (D + SC) \times AX_1/(D + AZ_1) = (5+10) \times 1/(5+1) = 5/2$$
$$MY_1 = (D + SC) \times AY_1/(D + AZ_1) = (5+10) \times (-2)/(5+1) = -5$$
(6-8)

表 6-3 仮想スクリーン上の二次元座標値

①	$(5/2, -5)$	②	$(5/2, 5)$	③	$(-5/2, 5)$	④	$(-5/2, -5)$
⑤	$(15/4, -15/2)$	⑥	$(15/4, 15/2)$	⑦	$(-15/4, 15/2)$	⑧	$(-15/4, -15/2)$

6.2 二次元特徴量による認識

二次元の対象物を認識する場合や三次元の対象物を 1 台のカメラからの入力画像から認識する場合には，二次元の特徴量を図形情報データファイルと比較することで対象物と一致する CAD 図形を決定する．そこで，二次元の特徴量を用いて入力画像と CAD 図形を比較決定し認識する手法について述べる．

6.2.1 認識に必要な特徴量

認識に必要な特徴量を前章までに示した方法により求め，CAD 図形および入力画像のそれぞれについて，特徴量を表 6-4，表 6-5 の記号で示す．

入力画像の対象物は 1 種類であり，CAD 図形で与えられる対象物は複数 $(CK_q, q = 1, 2, \cdots, MM)$ とし，CAD 図形の集合を $S = \{CK_q \mid q = 1, 2, \cdots, MM\}$ とする．

表 6-4 入力画像における対象物の特徴量

入力画像の重心位置	(IG, JG)
入力画像の輪郭点	$(ID_n, JD_n), \quad n = 1, 2, \cdots, NI$
入力画像の重心 – 輪郭線距離	DL_n

表 6-5 CAD 図形から求めた特徴量

CAD 図形の種類	CK_q, $q = 1, 2, \cdots, MM$
CAD 図形の集合	$S = \{CK_q \mid q = 1, 2, \cdots, MM\}$
CAD 図形の重心位置	(ICG_q, JCG_q)
CAD 図形の輪郭点	(IC_{qr}, JC_{qr}), $r = 1, 2, \cdots, N_q$
CAD 図形の重心－輪郭線距離	CL_{qr}

6.2.2 対象物の種類の認識

入力画像の対象物の特徴量と CAD 図形の特徴量とを以下の手順で比較し，対象物の種類と方向を決定し認識する．

CAD 図形の重心－輪郭線距離 CL_{qr}, $(r = 1, 2, \cdots, N_q)$ と入力画像のそれ DL_n, $(n = 1, 2, \cdots, NI)$ とは対象物を取り込むカメラの位置によって $N_q = NI$ とはならないので，以下のように基準化する．

(1) データ数の同一化

① $N_q < NI$ の場合

　CAD 図形の重心－輪郭線距離 CL_{qr} のデータ数 N_q が NI 個になるように拡大する．

　(6-9) 式で与えられる間隔 IR_m で CL_{qr} を (6-10), (6-11) 式を用いて間隔内の点での値を補正追加し NI 個に拡大する．変換後の CL_{qr} の値を MCL_{qm} とする．

$$IR_m = 1 + (N_q - 1)(m - 1)/(NI - 1), \quad m = 1, 2, \cdots, NI \quad (6\text{-}9)$$

(a) $m = 1$, $m = NI$ の場合

$$MCL_{q1} = CL_{q1}, \quad MCL_{qNI} = CL_{qNI} \quad (6\text{-}10)$$

(b) $IR_m = [IR_m]$ の m の場合

$$MCL_{qm} = CL_{qm}$$

(c) $IR_m \neq [IR_m]$ の m の場合

$$\begin{aligned} MCL_{qm} = & CL_{q[IR_m]} \\ & + (CL_{q[IR_m]+1} - CL_{q[IR_m]}) \times (IR_m - [IR_m]) \end{aligned} \quad (6\text{-}11)$$

ただし，[ ] はガウス記号とする．

入力画像の重心 – 輪郭線距離 DL_n を以下の変換との対応で (6-12) 式の $MDL_s, (s = 1, 2, \cdots, NI)$ とする．

$$MDL_s = DL_s, \quad (s = 1, 2, \cdots, NI) \tag{6-12}$$

② $N_q > NI$ の場合

入力画像の重心 – 輪郭線距離 DL_n を，(6-9) 式の右辺において N_q, NI とを交換した式を用い，(6-10) 式と同様にして変換し，変換後の DL_n に対する値を $MDL_s, (s = 1, 2, \cdots, N_q)$ とする．また，変換しない CAD 図形の重心 – 輪郭線距離 CL_{qr} の値を (6-13) 式の MCL_{qm} とする．

$$MCL_{qm} = CL_{qm}, \quad m = 1, 2, \cdots, N_q \tag{6-13}$$

(2) 重心 – 輪郭線距離の振幅の基準化

MCL_{qm}, MDL_s は，データ数が等しいので，振幅を (6-14) 式により基準化する．

$$KC_q = \max_{1 \leqq m \leqq NK_q} MCL_{qm} / \max_{1 \leqq s \leqq NK_q} MDL_s \tag{6-14}$$

ただし，$NK_q = \max(N_q, NI)$ とする．

(6-14) 式において，$KC_q > 1$ となるように分子分母を交換し，KC_q を MCL_{qm} または MDL_s に乗じて，最大振幅を同じ大きさにする．

基準化後の CAD 図形の重心 – 輪郭線距離 MCL_{qm}，極大値，極小値とその位置を示す番号，入力画像についても輪郭線距離 MDL_s の最大値，最小値とその位置を示す番号を表 6-6 に示している．

(3) 重心 – 輪郭線距離による一致係数

①重心 – 輪郭線距離グラフの移動

CAD 図形と入力画像の一致係数を求めるために，それぞれの基準化した重心 – 輪郭線距離を重ね合わせる．まず，q 番目の CAD 図形の 1 つの極大値の位置を示すデータ番号 NC_{qu} が 1 の位置になるように，MCL_{qm} を (6-15) 式により平行移動する（図 6-6）．

$$\begin{aligned}
l &= m - NC_{qu} + 1, \quad m = NC_{qu}, \cdots, NK_q \\
l &= NK_q + m - (NC_{qu} - 1), \quad m = 1, 2, \cdots, NC_{qu} - 1
\end{aligned} \tag{6-15}$$

136　第6章　CAD図形情報との比較による認識手法

表 6-6 基準化したCAD図形と入力画像における特徴量を示す記号

	CAD図形	入力画像
基準化した重心位置-輪郭線距離	MCL_{qm}	MDL_s
データの個数	$m = 1, 2, \cdots, NK_q$	$s = 1, 2, \cdots, NK_q$
極大値の位置を示す番号	NC_{qu} $(u = 1, 2, \cdots, NM_q)$	—
極大値	$MCL_{qNC_{qu}}$	
極小値の位置を示す番号	NL_{qw} $(w = 1, 2, \cdots, NM_q)$	—
極小値	$MCL_{qNL_{qw}}$	
最大値の位置を示す番号	—	NA
最大値		MDL_{NA}
最小値の位置を示す番号	—	NB
最小値		MDL_{NB}

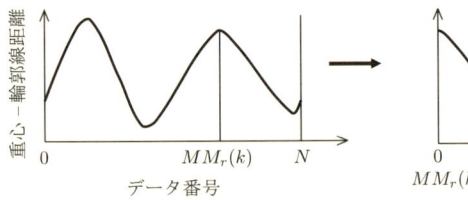

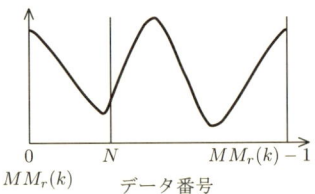

図 6-6 重心-輪郭線距離の平行移動

そして，lで平行移動した重心-輪郭線距離MCL_{ql}を記号MCC_{qlu}，$(u = 1, 2, \cdots, NM_q, l = 1, 2, \cdots, NK_q)$で示す．入力画像については重心-輪郭線距離$MDL_s$を，最大値を示すデータ番号$NA$が1の位置になるように平行移動し記号$MCI_l$とする．

② 極大値と最大値を重ねた一致係数（極大値一致係数）

平行移動後の重心-輪郭線距離MCC_{qlu}とMCI_lの一致係数を(6-16)式により求め極大値一致係数ということにする．

$$HA_{qu} = 1 - \sum_{l=1}^{NK_q} |MCC_{qlu} - MCI_l|/(NK_q \times MDL_{NA}) \quad (6\text{-}16)$$
$$u = 1, 2, \cdots, NM_q, \ l = 1, 2, \cdots, NK_q, \ q = 1, 2, \cdots, MM$$

③ 極小値と最小値を重ねた一致係数（極小値一致係数）

極大値一致係数と同様に極小値と最小値を対応させた極小値一致係数 $LA_{qw}, (w = 1, 2, \cdots, NM_q)$ を求める．

④重心 – 輪郭線距離の一致係数（図形一致係数）

入力画像と CAD 図形集合 S 内の q 番目の CAD 図形 (CK_q) について極大値一致係数の最大値 HA_{qu_0} を (6-17) 式で求め，極小値一致係数の最大値 LA_{qw_0} を式 (6-18) で求める．

$$HA_{qu_0} = \max_{1 \leq u \leq NM_q} HA_{qu} \tag{6-17}$$

$$LA_{qw_0} = \max_{1 \leq w \leq NM_q} LA_{qw} \tag{6-18}$$

そして，両者の大きい方の一致係数を図形一致係数 H_q とし (6-19) 式で求める．

$$H_q = \max\{HA_{qu_0}, LA_{qw_0}\} \tag{6-19}$$

(4) 対象物の種類の認識

図形一致係数 H_q の最も高い値を示す CAD 図形を (6-20) 式により求め，入力画像内の対象物の種類を決定し認識する．

$$H_{q_0} = \max_{1 \leq q \leq MM} H_q \tag{6-20}$$

その結果，入力画像内の対象物は CAD 図形 CK_{q_0} と決定できる．さらに，詳細に検討する場合には次の判定式を用いる．ここで，TH_c は対象物と一致する CAD 図形を決定する際の許容差とする．

① $H_{q_0} \geq TH_c$ を満たす場合

入力画像内の対象物は，CAD 図形 CK_{q_0} と決定し認識する．

② $H_{q_0} < TH_c$ の場合

対象物と CAD 図形との一致度は低いが CAD 図形から選ぶとすれば CK_{q_0} と認識する．

【例題 6.3】

CAD 図形は，3 種類 ($MM = 3$) とし，入力画像の対象物が CAD 図形のいずれかを認識する．

(A) 入力画像の対象物に関する特徴量

重心－輪郭線距離のデータ数 NI は，332 個であり，最大値 MDL_{NA} は 75.19 である．対象物の重心－輪郭線距離は，図 6-7 に示している．

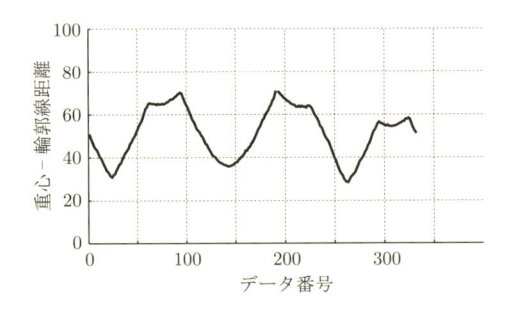

図 6-7 入力画像における対象物の重心－輪郭線距離

(B) CAD 図形の特徴量

3 種類の CAD 図形をある視点から見た図形を図 6-8，三次元 CAD 図形の重心－輪郭線距離を図 6-9 に示している．

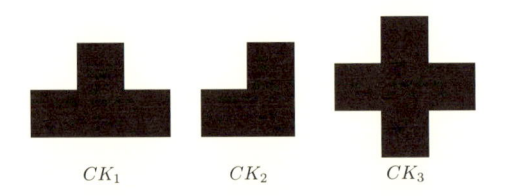

図 6-8 3 種類の CAD 図形

(C) 重心－輪郭線距離による一致係数

重心－輪郭線距離を用いて対象物と CAD 図形 (CK_1) との一致係数を求める．CAD 図形 CK_1 についての計算過程を示している．

① グラフの基準化

CAD 図形 CK_1 の重心－輪郭線距離データ数は，$NK_1 = 388$，最大値は，$\max\{MCL_{1m}\} = 88.25$ であるので，$KC_1 = 88.25/75.19 = 1.174$ となり，入力画像の対象物のデータ数を CAD 図形のデータ数と同じになるように同一化する（図 6-10）．

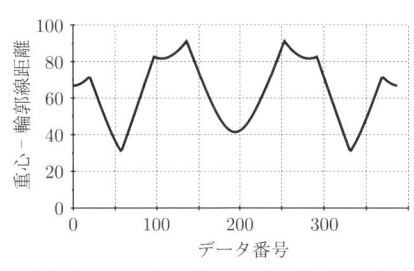

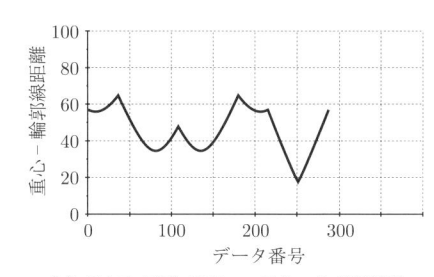

(a) CAD 図形 CK_1 の重心 – 輪郭線距離

(b) CAD 図形 CK_2 の重心 – 輪郭線距離

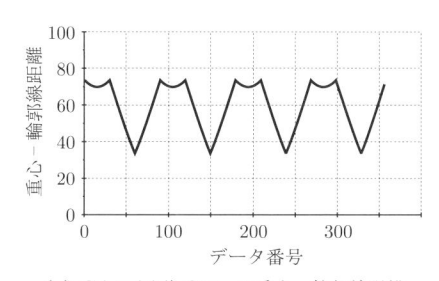

(c) CAD 図形 CK_3 の重心 – 輪郭線距離

図 6-9 3 種類の CAD 図形の重心 – 輪郭線距離

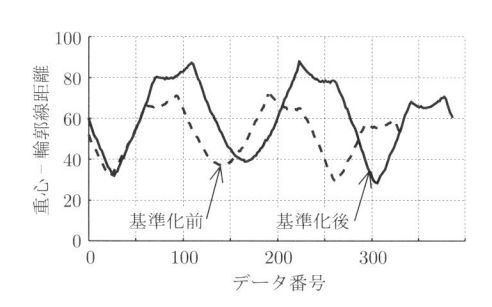

図 6-10 入力画像における対象物の重心 – 輪郭線距離のデータ数の同一化

②重心 – 輪郭線距離のグラフの重ね合わせ

CAD 図形 CK_1 での極大値，極小値を図 6-11 に示す．CK_1 の極大値を示す番号の 1 つ (NC_{1u}) と入力画像の対象物の基準化した重心 – 輪郭線距離の最大値（図 6-12）を示す番号 (NA) が 1 の位置になるように平行移動し (6-17) 式により一致係数を求める．各極大値に対する極大値一致係数を表

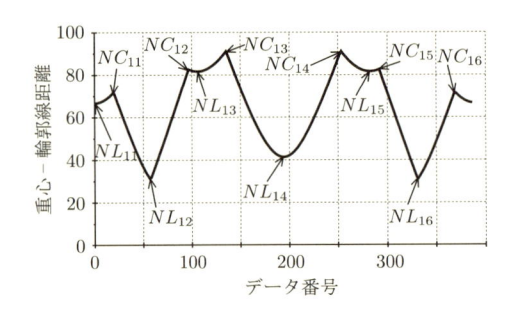

図 6-11 CAD 図形 CK_1 の重心 − 輪郭線距離の極大値, 極小値

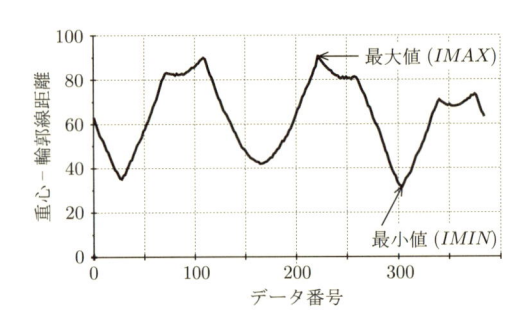

図 6-12 データ数同一化後の入力画像の対象物の重心 − 輪郭線距離の最大値, 最小値

表 6-7 各極大値, 極小値における一致係数

極大値を示す位置の番号 (NC_{1u})	NC_{11}	NC_{12}	NC_{13}	NC_{14}	NC_{15}	NC_{16}
極大値一致係数 (HA_{1u})	0.82	0.83	0.84	0.99	0.75	0.84
極小値を示す位置の番号 (NL_{1w})	NL_{11}	NL_{12}	NL_{13}	NL_{14}	NL_{15}	NL_{16}
極小値一致係数 (LA_{1w})	0.70	0.83	0.80	0.87	0.71	0.98

6-7 の 2 段目に示している. 同様に最小値 (図 6-12) と極小値についても極小値一致係数を求め, 表 6-7 の 4 段目に示している.

よって表 6-7 より, CAD 図形 CK_1 との一致係数の値は対象物の最大値と CAD 図形の極大値 NC_{14} を重ね合わせたときに最大 ($HA_{14} = 0.99$) となることから, 図形一致係数 $H_1 = 0.99$ となる.

(D) 対象物と一致する CAD 図形の認識

CAD 図形 CK_2, CK_3 と対象物との図形一致係数も同様に求めると, それぞ

れ $H_2 = 0.82$, $H_3 = 0.75$ となる．(6-21) 式より，対象物と最も図形一致係数の値の高い CAD 図形は CK_1 である．また，しきい値 TH_c を 0.9 とすると，対象物と CAD 図形 CK_1 の図形一致係数が 0.99 であり，TH_c 以上あることから，対象物は CAD 図形 CK_1 と認識する．最も一致係数が高くなる場合の対象物と CAD 図形のそれぞれの重心−輪郭線距離を重ね合わせた状態を図 6-13 に示している．

$$\max\{H_1, H_2, H_3\} = H_1 = 0.99 \tag{6-21}$$

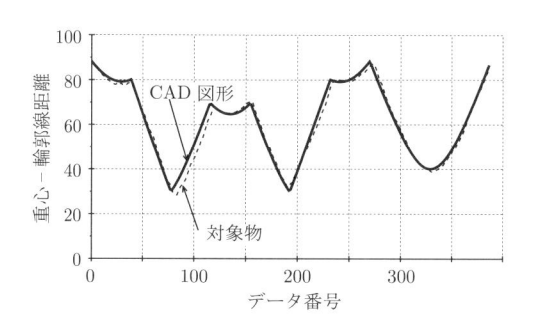

図 6-13 最も一致度が高くなる場合の重ね合わせ

6.3 三次元特徴量による認識

三次元対象物を認識する際，複数台のカメラからの入力画像を用いて対象物の頂点を三次元座標値として推定し，三次元 CAD 図形の DXF データファイルの三次元座標値と比較判定することで対象物の認識を行う方法である．

6.3.1 認識に必要な特徴量

三次元 CAD 図形と比較し，入力画像の対象物の種類を決定するために，前章までに示した方法により以下の 3 つの特徴量を求める（図 6-14）．

(1) 入力画像における対象物の 3 頂点の三次元座標

入力画像の対象物の 3 点の頂点 P_l の三次元座標値 $P_l(PX_l, PY_l, PZ_l)$, ($l = 1, 2, 3$) を求める．その際，3 つの頂点は 1 直線上にないものと仮定する．また，求めた頂点の三次元座標値の単位が mm になるよう調整し，CAD 情報の単位

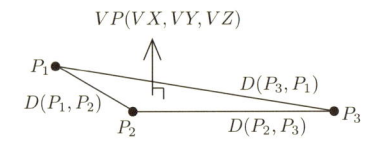

図 6-14 3 頂点と法線ベクトル

と一致させておくものとする．

(2) 頂点間距離

相異なる 2 頂点 P_m と P_n の三次元ユークリッド距離を $D(P_m, P_n)$ とし，$m \neq n = 1, 2, 3$ について 3 つの頂点間距離を求める．

(3) 法線方向単位ベクトル

3 頂点座標値から求められる平面の法線ベクトル $VP(VX, VY, VZ)$ を特徴量として使用する．始点を頂点 P_1，終点を頂点 P_2 および P_3 とするベクトル $PP_{12}(PX_{12}, PY_{12}, PZ_{12})$ と，$PP_{13}(PX_{13}, PY_{13}, PZ_{13})$ を求める．そして，2 つのベクトル PP_{12}, PP_{13} を用いて (6-22) 式から法線方向単位ベクトル $VP(VX, VY, VZ)$ を求める．

$$\begin{aligned}
VX &= (PY_{12} \cdot PZ_{13} - PZ_{12} \cdot PY_{13})/NVP \\
VY &= (PZ_{12} \cdot PX_{13} - PX_{12} \cdot PZ_{13})/NVP \\
VZ &= (PX_{12} \cdot PY_{13} - PY_{12} \cdot PX_{13})/NVP
\end{aligned} \tag{6-22}$$

ただし，

$$\begin{aligned}
NVP = \{&(PY_{12} \cdot PZ_{13} - PZ_{12} \cdot PY_{13})^2 \\
+ &(PZ_{12} \cdot PX_{13} - PX_{12} \cdot PZ_{13})^2 \\
+ &(PX_{12} \cdot PY_{13} - PY_{12} \cdot PX_{13})^2\}^{1/2}
\end{aligned}$$

(4) 法線方向単位ベクトルを Z_1 軸とする三次元座標系

基準座標系 $(X\text{-}Y\text{-}Z)$ において，原点を $(0, 0, 0)$ として PP_{12} を X_1 軸, (6-22) 式の法線方向単位ベクトル VP を Z_1 軸とする三次元座標系 $(X_1\text{-}Y_1\text{-}Z_1)$ を求める．PP_{12} を基準化したベクトルを $NPP_{12}(x_1, y_1, z_1)$，法線方向単位ベクトルを $VP(VX, VY, VZ)$ とし，Y_1 軸の単位ベクトル $NY(x_0, y_0, z_0)$ の要素は，ベクトル VP と NPP_{12} の外積 $(VP \times NPP_{12})$ から (6-23) 式で与えられる．

$$
\begin{aligned}
x_0 &= VY \cdot z_1 - VZ \cdot y_1 \\
y_0 &= VZ \cdot x_1 - VX \cdot z_1 \\
z_0 &= VX \cdot y_1 - VY \cdot x_1
\end{aligned}
\tag{6-23}
$$

基準三次元座標系 $NC(X\text{-}Y\text{-}Z)$ から三次元座標系 $NN(X_1\text{-}Y_1\text{-}Z_1)$ への変換行列 MT は，(6-24) 式で与えられる．

$$
MT = \begin{pmatrix} x_1 & x_0 & VX \\ y_1 & y_0 & VY \\ z_1 & z_0 & VZ \end{pmatrix}
\tag{6-24}
$$

基準座標系 NC から三次元座標系 $NN_1(X_1\text{-}Y_1\text{-}Z_1)$，および $NN_2(X_2\text{-}Y_2\text{-}Z_2)$ への変換行列を MT_1，MT_2 とする．三次元座標系 NN_2 から三次元座標系 NN_1 への変換行列は，(6-25) 式で与えられる．

$$
(X_1, Y_1, Z_1)' = MT_1 \cdot MT_2^{-1} \cdot (X_2, Y_2, Z_2)'
\tag{6-25}
$$

【例題 6.4】

入力画像における対象物上の3頂点座標値が以下のように求められたとき，その対象物の頂点間距離，および法線方向単位ベクトルを求める．

$$P_1 : (43.2, 25.1, 10.2),\ P_2 : (52.1, 37.3, 9.8),\ P_3 : (51.9, 37.5, 20.0)$$

(A) 入力画像における頂点間距離

頂点 P_1 と P_2 の距離 $D(P_1, P_2)$，P_2 と P_3 の $D(P_2, P_3)$，P_1 と P_3 の $D(P_1, P_3)$ は，(6-26) 式で求められる．

$$
\begin{aligned}
D(P_1, P_2) &= \{(43.2 - 52.1)^2 + (25.1 - 37.3)^2 + (10.2 - 9.8)^2\}^{1/2} \\
&= 15.1
\end{aligned}
\tag{6-26}
$$
$$D(P_2, P_3) = 10.2, \quad D(P_1, P_3) = 18.0$$

(B) 法線方向単位ベクトル

始点を頂点 P_1，終点を頂点 P_2 とするベクトル PP_{12} と，始点を頂点 P_1，終点を頂点 P_3 とするベクトル PP_{13} は (6-27) 式で求められる．

$$
\begin{aligned}
PP_{12} &= (52.1 - 43.2, 37.3 - 25.1, 9.8 - 10.2) = (8.9, 12.2, -0.4) \\
PP_{13} &= (51.9 - 43.2, 37.5 - 25.1, 20.0 - 10.2) = (8.7, 12.4, 9.8)
\end{aligned}
\tag{6-27}
$$

そこで，ベクトル PP_{12} とベクトル PP_{13} を用いて (6-22) 式から法線方向単位ベクトル VP は，(6-28) 式で求められる．

$$VP = (124.5/154.1, -90.7/154.1, 4.2/154.1)$$
$$= (0.808, -0.589, 0.027) \tag{6-28}$$

(C) 変換行列

原点を $(0,0,0)$ とし，PP_{12} を X_1 軸，VP を Z_1 軸とする変換行列 MT を (6-23) 式より求める．

$$VP(0.808, -0.589, 0.0), \quad NPP_{12}(0.589, 0.808, 0.0)$$

与えられた VP，NPP_{12} より外積を求め，$x_0 = (-0.589) \cdot 0 - 0 \cdot 0.808 = 0$，$y_0 = 0 \cdot 0.589 - 0.808 \cdot 0 = 0$，$z_0 = 0.808 \cdot 0.808 - (-0.589) \cdot 0.589 = 1$ となり，変換行列 MT は，(6-29) 式となる．

$$MT = \begin{pmatrix} 0.589 & 0.0 & 0.808 \\ 0.808 & 0.0 & -0.589 \\ 0.0 & 1.0 & 0.0 \end{pmatrix} \tag{6-29}$$

6.3.2 頂点間距離を基準にした一致係数

入力画像の対象物の特徴量として求めた頂点間距離と一致する頂点間距離を有する三次元 CAD 図形を判定するための一致係数を求める．

q 番目の CAD 図形 CK_q の r 番目の頂点を $CV_{qr}(CVX_{qr}, CVY_{qr}, CVZ_{qr})$ $(r = 1, 2, \cdots, NV_q)$ とする．NV_q 個の内の全ての 3 頂点の組合せの集合 SCV_{qs} を (6-30) 式で示す．集合 SCV_{qs} に含まれる三次元 CAD 図形の 3 頂点を MV_{qsl} $(l = 1, 2, 3)$ とする．

$$SCV_{qs} = \{MV_{qs_1}, MV_{qs_2}, MV_{qs_3}\} \tag{6-30}$$

ただし，MV_{qsl} は，CV_{qr} の一つとする．

$$s = 1, 2, \cdots, MP_q, \quad MP_q = NV_q \times (NV_q - 1) \times (NV_q - 2)$$

そして，三次元 CAD 図形の頂点 MV_{qsm} と MV_{qsn} との距離を $CD(MV_{qsm},$

MV_{qsn}), $(m \neq n = 1, 2, 3)$ とする．ここで，三次元 CAD 図形と入力画像の対象物の特徴量を表 6-8 に示す．

表 6-8 三次元 CAD 図形と入力画像の特徴量を示す記号

	三次元 CAD 図形 CK_q	入力画像
頂点座標値	$CV_{qr}(CVX_{qr}, CVY_{qr}, CVZ_{qr})$ $r = 1, 2, \cdots, NV_q$	$P_l(PX_l, PY_l, PZ_l)$ $l = 1, 2, 3$
3 頂点の集合	$SCV_{qs} = \{MV_{qs_1}, MV_{qs_2}, MV_{qs_3}\}$ $s = 1, 2, \cdots, MP_q$ $MP_q = NV_q \times (NV_q - 1) \times (NV_q - 2)$	$\{P_1, P_2, P_3\}$
法線方向単位ベクトル	$VC_{qs}(VCX_{qs}, VCY_{qs}, VCZ_{qs})$	$VP(VX, VY, VZ)$
3 頂点の頂点間距離	$CD(MV_{qs_1}, MV_{qs_2})$, $CD(MV_{qs_1}, MV_{qs_3})$, $CD(MV_{qs_2}, MV_{qs_3})$	$D(P_1, P_2)$, $D(P_2, P_3)$, $D(P_1, P_3)$

入力画像の対象物における 3 頂点 (P_1, P_2, P_3) の頂点間距離 $D(P_l, P_{l'})$ と三次元 CAD 図形における 3 頂点 SCV_{qs} の頂点間距離から一致係数 EV_{qs} を (6-31) 式で求める．

$$\begin{aligned}EV_{qs} = & |CD(MV_{qs_1}, MV_{qs_2}) - D(P_1, P_2)| \\ & + |CD(MV_{qs_1}, MV_{qs_3}) - D(P_1, P_3)| \\ & + |CD(MV_{qs_2}, MV_{qs_3}) - D(P_2, P_3)|\end{aligned} \quad (6\text{-}31)$$

6.3.3 頂点間距離の一致係数による認識

(6-32) 式より一致係数 EV_{qs} を満たす三次元 CAD 図形の選出図形群 S_1 を求める．

$$S_1 = \{CK_q | EV_{qs} < \varepsilon,\ q = 1, 2, \cdots, MM,\ s = 1, 2, \cdots, MP_q\} \quad (6\text{-}32)$$

選出図形群 S_1 に含まれている三次元 CAD 図形の個数により以下のように場合分けを行い，対象物と一致する CAD 図形を決定し認識する．

① 選出図形群 S_1 には三次元 CAD 図形 CK_{q_0} が 1 つしかない場合

その CAD 図形を対象物と一致する三次元 CAD 図形 CK_{q_0} と決定し認識する．

② 選出図形群 S_1 に含まれる三次元 CAD 図形が 2 つ以上の場合

6.3.4 項で説明する高さによる判定を行い認識する．

【例題 6.5】

入力画像における対象物の 3 頂点に対して，1 つの CAD 図形 ($q = MM = 1$) の頂点との一致度を調べる．

(A) 入力画像の対象物の頂点座標

入力画像における対象物上の 3 点 (P_1, P_2, P_3) の頂点座標を画像認識により検出し，その頂点間距離を求め表 6-9 に示す．

表 6-9　入力画像における対象物の頂点間距離

距離	記号	距離	記号	距離	記号
$D(P_1, P_2)$	5.10	$D(P_2, P_3)$	4.48	$D(P_1, P_3)$	6.20

(B) 1 つの CAD 図形における頂点座標

三次元 CAD 図形としての三角錐を構成する 4 つの頂点座標を表 6-10 に示す．

表 6-10　CAD 図形の頂点座標値

頂点記号	頂点座標値	頂点記号	頂点座標値
CV_{11}	(7.0, 10.0, 15.0)	CV_{13}	(10.0, 10.0, 10.0)
CV_{12}	(6.0, 10.0, 10.0)	CV_{14}	(10.0, 12.0, 10.0)

(C) 対象物の頂点と CAD 図形の頂点との一致係数

頂点間距離を用いて三角錐の CAD 図形との一致係数を求める．

頂点が 4 つあることから，(6-30) 式より三次元 CAD 図形の任意の 3 頂点からなる組合せは全部で 24 通りある．表 6-10 の 3 頂点 ($CV_{11}, CV_{12}, CV_{13}$) を $s = 1$ の MV_{11l} とし，一致係数を (6-32) 式から求める．

$$MV_{111} = CV_{11}, \quad MV_{112} = CV_{12}, \quad MV_{113} = CV_{13}$$

$$CD(MV_{111}, MV_{112}) - D(P_1, P_2) = 0.001$$
$$CD(MV_{112}, MV_{113}) - D(P_2, P_3) = 0.480$$
$$CD(MV_{111}, MV_{113}) - D(P_1, P_3) = 0.369$$

$$EV_{11} = |0.001| + |0.480| + |0.369| = 0.850$$

(D) 全ての3頂点の組合せにおける一致係数

全ての3頂点の組合せにおける一致係数を求め，表 6-11 に示している．

表 6-11 より，一致係数の値が最も小さい（対象物と CAD 図形が最も一致する）3 頂点の組合せは $s=7$ の $\{CV_{11}, CV_{12}, CV_{14}\}$ であり，一致係数の値は $EV_{17} = 0.045$ である．また，一致係数の値が小さいことから頂点間距離を用いた比較では対象物と三角錐（三次元 CAD 図形）の 3 頂点は一致しており，対象物の頂点 P_1 が CV_{11} に，P_2 が CV_{12} に P_3 が CV_{14} に対応していることが示される．

表 6-11 CAD 図形の頂点の組合せによる一致係数

s	頂点の組合せ $\{MV_{1s1}, MV_{1s2}, MV_{1s3}\}$	一致係数 EV_{1s}	p	頂点の組合せ $\{MV_{1s1}, MV_{1s2}, MV_{1s3}\}$	一致係数 EV_{1s}
1	$\{CV_{11}, CV_{12}, CV_{13}\}$	0.850	13	$\{CV_{11}, CV_{13}, CV_{14}\}$	3.247
2	$\{CV_{11}, CV_{13}, CV_{12}\}$	2.312	14	$\{CV_{11}, CV_{14}, CV_{13}\}$	3.913
3	$\{CV_{12}, CV_{11}, CV_{13}\}$	3.552	15	$\{CV_{13}, CV_{11}, CV_{14}\}$	6.615
4	$\{CV_{12}, CV_{13}, CV_{11}\}$	3.552	16	$\{CV_{13}, CV_{14}, CV_{11}\}$	5.153
5	$\{CV_{13}, CV_{11}, CV_{12}\}$	3.550	17	$\{CV_{14}, CV_{11}, CV_{13}\}$	6.615
6	$\{CV_{13}, CV_{12}, CV_{11}\}$	2.086	18	$\{CV_{14}, CV_{13}, CV_{11}\}$	4.487
7	$\{CV_{11}, CV_{12}, CV_{14}\}$	0.045	19	$\{CV_{12}, CV_{13}, CV_{14}\}$	5.306
8	$\{CV_{11}, CV_{14}, CV_{12}\}$	2.173	20	$\{CV_{12}, CV_{14}, CV_{13}\}$	5.308
9	$\{CV_{12}, CV_{11}, CV_{14}\}$	5.885	21	$\{CV_{13}, CV_{12}, CV_{14}\}$	5.308
10	$\{CV_{12}, CV_{14}, CV_{11}\}$	2.681	22	$\{CV_{13}, CV_{14}, CV_{12}\}$	5.308
11	$\{CV_{14}, CV_{11}, CV_{12}\}$	5.883	23	$\{CV_{14}, CV_{12}, CV_{13}\}$	5.308
12	$\{CV_{14}, CV_{12}, CV_{11}\}$	1.283	24	$\{CV_{14}, CV_{13}, CV_{12}\}$	5.308

6.3.4 Z 軸の高さを基準にした一致係数による認識

頂点間の距離を基準にして対象物の 3 頂点と三次元 CAD が一致しても，他の場所である可能性があるので，Z 軸の高さを用いて，さらに一致度を調べる．

対象物の頂点の Z 軸の高さと，三次元 CAD 図形の最も低い位置にある頂点の Z 軸の高さから，両者の一致する 3 頂点までの Z 軸の高さを比較することで，対象物と一致する三次元 CAD 図形を決定し認識する．

(1) 三次元 CAD 図形の回転

入力画像の対象物の 3 頂点 $P_l(PX_l, PY_l, PZ_l)$, $(l=1,2,3)$ とその法線方向単位ベクトル $VP(VX, VY, VZ)$ に対して，q 番目の CAD 図形 CK_q におい

て，頂点間距離で一致した3頂点を $\{MV_{qs_1}, MV_{qs_2}, MV_{qs_3}\}$，その法線方向単位ベクトルを $VC_{qs}(VCX_{qs}, VCY_{qs}, VCZ_{qs})$ とする．

対象物の3頂点とその法線方向単位ベクトル VP から求めた変換行列を MT_1，CAD 図形のそれから求めた変換行列を MT_2 とする．

三次元 CAD 図形の法線方向単位ベクトル VC_{qs} が対象物の法線方向単位ベクトル VP と一致するように，変換行列 $MT_1 \cdot MT_2^{-1}$ を用いて三次元 CAD 図形を回転させる．

回転後の三次元 CAD 図形 CK_q の頂点 CV_{qr} $(r = 1, 2, \cdots, NV_q)$ を CR_{qr} $(XCR_{qr}, YCR_{qr}, ZCR_{qr})$ とし，頂点間距離で対象物の頂点 P_l に一致した三次元 CAD 図形の頂点の回転後の座標値を $MR_{qsl}(XMR_{qsl}, YMR_{qsl}, ZMR_{qsl})$ とする．そして表 6-12 に高さによる認識に必要な特徴量を示している．

表 6-12　三次元 CAD 図形と入力画像の特徴量とそれを示す記号

	三次元 CAD 図形 CK_q	入力画像
頂点	$CV_{qr}(CVX_{qr}, CVY_{qr}, CVZ_{qr})$ $r = 1, 2, \cdots, NVq$	$P_l(PX_l, PY_l, PZ_l)$ $l = 1, 2, 3$
法線方向単位ベクトル	$VC_{qs}(VCX_{qs}, VCY_{qs}, VCZ_{qs})$	$VP(VX, VY, VZ)$
回転後の頂点	$CR_{qr}(XCR_{qr}, YCR_{qr}, ZCR_{qr})$	—
頂点間距離で一致した 3 頂点の回転後の座標値	$MR_{qsl}(XMR_{qsl}, YMR_{qsl}, ZMR_{qsl})$	—

(2) Z 軸の高さを基準にした一致係数と形状の認識

回転後の三次元 CAD 図形の最も低い位置の高さ LZ_q を (6-33) 式で求める．

$$LZ_q = \min_{1 \leqq r \leqq NV_q} ZCR_{qr} \tag{6-33}$$

対象物の3頂点の Z 軸の高さ PZ_l と三次元 CAD 図形の一致する点の値 ZMR_{qsl}，そして最小値の高さ LZ_q から一致係数を (6-34) 式より求める．

$$HV_{qs} = \sum_{l=1}^{3} |ZMR_{qsl} - PZ_l - LZ_q| \tag{6-34}$$

HV_{qs} が最小となる CAD 図形を決定し，対象物の形状を認識する．

【例題 6.6】

入力画像の対象物上の 3 点の頂点座標値 $\{P_1, P_2, P_3\}$ が表 6-13 に示すように画像処理により求められる．この対象物の 3 頂点座標値が，図 6-15 に示す三角柱の CAD 図形（$q=1, s=1$）の頂点（表 6-14）の CV_1, CV_2, CV_3 に対応しているので，Z 軸の高さを用いた一致度係数を計算する．

対象物の 3 頂点の法線方向単位ベクトルは，$VP(0.0, 0.0, 1.0)$ であり，変換行列 MT_1 は，(6-35) 式で与えられる．

$$MT_1 = \begin{pmatrix} -0.791 & 0.612 & 0.0 \\ -0.612 & -0.791 & 0.0 \\ 0.0 & 0.0 & 1.0 \end{pmatrix} \tag{6-35}$$

表 **6-13** 入力画像における対象物の頂点座標値

頂点 P_l	頂点座標値 (PX_l, PY_l, PZ_l)
P_1	$(32.0, 48.1, 23.6)$
P_2	$(16.1, 35.8, 24.1)$
P_3	$(32.2, 36.0, 24.1)$

表 **6-14** CAD 図形の頂点座標値

頂点記号	頂点座標値 $(VCXqr, VCYqr, VCZqr)$
CV_1	$(\ 12.0,\ \ 3.0, -12.0)$
CV_2	$(\ 12.0, -9.0,\ \ \ \ 4.0)$
CV_3	$(\ 12.0, -9.0, -12.0)$
CV_4	$(-12.0,\ \ 9.0, -12.0)$
CV_5	$(-12.0, -9.0,\ \ 12.0)$
CV_6	$(-12.0, -9.0, -12.0)$

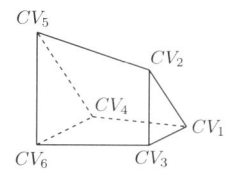

図 **6-15** CAD 図形

(A) 三次元 CAD 図形の変換行列および変換後の頂点座標値

CAD 図形の 3 点の頂点 $\{CV_1, CV_2, CV_3\}$ から決定される平面の法線方向単

位ベクトルは，(6-22) 式から (1.0, 0.0, 0.0) となる．そして変換行列 MT_2 およびその逆行列 MT_2^{-1} は，(6-36) 式で与えられる．変換行列 MT_1，MT_2 を用いて CAD 図形を回転する．回転のための変換行列 $MT_1 \cdot MT_2^{-1}$ を (6-37) 式に，回転後の CAD 図形を図 6-16 に，その頂点座標値を表 6-15 に示している．また，回転後の CAD 図形の頂点座標値を $CR_{qr}(XCR_{qr}, YCR_{qr}, ZCR_{qr})$，$(q = 1,\ r = 1, 2, \cdots, 6)$ とする．

$$MT_2 = \begin{pmatrix} 0.0 & 0.0 & 1.0 \\ -0.6 & -0.8 & 0.0 \\ 0.8 & -0.6 & 0.0 \end{pmatrix} \quad MT_2^{-1} = \begin{pmatrix} 0.0 & -0.6 & 0.8 \\ 0.0 & -0.8 & -0.6 \\ 1.0 & 0.0 & 0.0 \end{pmatrix} \quad (6\text{-}36)$$

$$MT_1 \cdot MT_2^{-1} = \begin{pmatrix} 0.0 & 0.0 & -1.0 \\ 0.0 & 1.0 & 0.0 \\ 1.0 & 0.0 & 0.0 \end{pmatrix} \quad (6\text{-}37)$$

表 6-15　回転後の CAD 図形の頂点座標値

頂点記号	頂点座標値
CR_{11}	(12.0, 3.0, 12.0)
CR_{12}	(−4.0, −9.0, 12.0)
CR_{13}	(12.0, −9.0, 12.0)
CR_{14}	(12.0, 9.0, −12.0)
CR_{15}	(−12.0, −9.0, −12.0)
CR_{16}	(12.0, −9.0, −12.0)

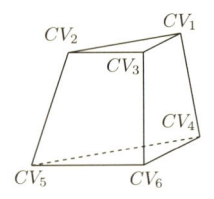

図 6-16　回転後の CAD 図形

(B)　Z 軸の高さを基準の一致係数

回転後の三次元 CAD 図形の最も低い位置にある頂点から頂点間距離で一致した頂点までの距離と対象物の高さから一致係数を (6-34) 式により求める．表

6-15 より，回転後の三次元 CAD 図形の最も低い位置にある頂点の Z 軸座標値は -12 である．

(6-34) 式により，対象物と三次元 CAD 図形との高さによる認識手法を用いた一致係数 HV_{11} は (6-38) 式より 0.6 と求められる．

$$\begin{aligned} HV_{11} &= |ZMR_{111} - PZ_1 - (-12)| + |ZMR_{112} - PZ_2 - (-12)| \\ &\quad + |ZMR_{113} - PZ_3 - (-12)| \\ &= |12 - 23.6 - (-12)| + |12 - 24.1 - (-12)| \\ &\quad + |12 - 24.1 - (-12)| \\ &= 0.6 \end{aligned} \quad (6\text{-}38)$$

【例題 6.7】

入力画像における対象物の特徴量が画像処理により表 6-16 ように求められた．この特徴量を用いて図 6-17 に示す三次元 CAD 図形の中から，対象物と一致する三次元 CAD 図形を認識する．

表 6-16 入力画像における対象物の特徴量

三次元頂点座標値	$P_1(43.2, 25.1, 10.2), P_2(52.1, 37.3, 9.8),$ $P_3(51.9, 37.5, 20.0)$
頂点間距離	$D(P_1, P_2) = 15.1, D(P_2, P_3) = 10.2, D(P_3, P_1) = 18.0$
法線方向単位ベクトル	$VP(0.8, -0.6, 0.0)$

(A) 頂点間距離基準による一致係数と CAD 図形の選出

入力画像の対象物の頂点間距離と CAD 図形の頂点間距離との一致係数を (6-31) 式により求める．それぞれの一致係数を表 6-17 に示し，頂点間距離による比較で対象物と一致している CAD 図形の集合 S_1 を (6-39) 式に示している．そして，頂点間距離を用いた比較により，対象物の頂点と一致する CAD 図形の頂点集合は，CAD 図形 CK_2, CK_3 でそれぞれ対称性より 4 組存在し，その内の 1 組 ($s = 1$) を図 6-17 中に●印で示している．

表 6-17 頂点間距離基準による一致係数

CAD 図形の種類	CK_1	CK_2	CK_3	CK_4
一致係数	1.5	0.3	0.3	5.0

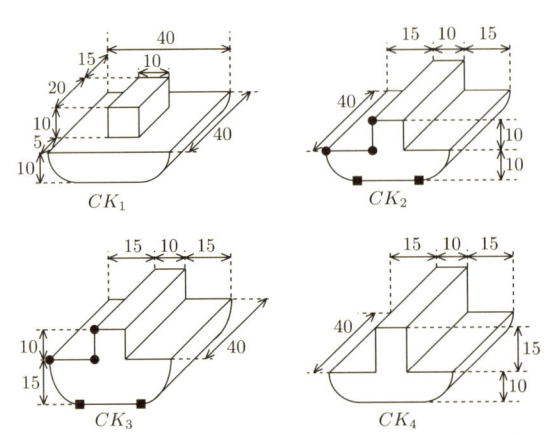

図 6-17 中の記号:
● : 画像処理により認識された頂点間距離と一致する頂点
■ : 回転後の最も低い位置にある頂点

図 6-17 三次元 CAD 図形

$$S_1 = \{CK_2, CK_3\} \tag{6-39}$$

(B) Z 軸高さ基準による一致係数

集合 S_1 に含まれる CAD 図形を，頂点間距離で一致した 4 組の頂点集合ごとに決定される平面の法線方向単位ベクトルと対象物の法線方向単位ベクトルとが一致するよう回転し，対象物と CAD 図形の方向を変換行列を用いて一致させる．回転後，CAD 図形の最も低い位置にある頂点から頂点間距離で一致した頂点までの高さと入力画像の対象物の頂点の高さとを比較し，(6-34) 式より一致係数を求める．CAD 図形 CK_2, CK_3 の頂点集合 $s = 1$ における一致係数は，(6-40) 式, (6-41) 式となる．回転後の CAD 図形 (CK_2, CK_3) の最も低い位置にある頂点の Z 軸座標値は 0 である．そして，対称性より求められた 4 つの一致係数は全て等しくなり，$s = 1$ の値を表 6-18 に示し，図 6-17 中に最も低い位置にある頂点の位置を■印で示している．

$$\begin{aligned}
HV_{21} &= |ZMR_{211} - PZ_1 - 0| + |ZMR_{212} - PZ_2 - 0| \\
&\quad + |ZMR_{213} - PZ_3 - 0| \\
&= |10 - 10.2 - 0| + |10 - 9.8 - 0| + |20 - 20 - 0| \\
&= 0.4
\end{aligned} \tag{6-40}$$

$$\begin{aligned}
HV_{31} &= |ZMR_{311} - PZ_1 - 0| + |ZMR_{312} - PZ_2 - 0| \\
&\quad + |ZMR_{313} - PZ_3 - 0| \\
&= |15 - 10.2 - 0| + |15 - 9.8 - 0| + |25 - 20 - 0| \\
&= 15
\end{aligned} \quad (6\text{-}41)$$

表 6-18　高さ基準による一致係数

CAD 図形の種類	CK_2	CK_3
一致係数	0.4	15

(C)　対象物と一致する CAD 図形の認識

表 6-18 より CK_2 の一致係数が小さいことから対象物との一致度が高いので，対象物の種類は CAD 図形の CK_2 と決定し認識する．

■参考文献

[1] 落合重紀：『DXF ハンドブック』, オーム社, pp.22–573, (2003).
[2] 安居院猛, 中嶋正之, 木見尻秀子：『C 言語による三次元コンピュータグラフィクス』, 昭晃堂, pp.46–95, (1990).
[3] 神代充, 大崎紘一, 梶原康博, 宗澤良臣：三次元 CAD 図形情報を用いた画像処理による対象物認識手法に関する研究, 日本機械学会論文集 （C 編), Vol.63, No.613, pp.3317–3123, (1997).
[4] 神代充, 大崎紘一, 宗澤良臣, 梶原康博：多数カメラからの入力画像と CAD 図形情報を組合わせた認識手法に関する研究, 日本機械学会論文集 （C 編), Vol.65, No.634, pp.2413–2420, (1999).
[5] John J. Craig 著, 三浦宏文, 下山勲訳：『ロボティクス』, 共立出版, (1991).
[6] 齋藤正彦：『線形代数入門』, 東京大学出版会, (1966).
[7] 寺田文行, 木村宣昭：『線形代数の基礎』, サイエンス社, (1997).

索　引

英数字

2 直線が交わる, 112
3 軸単位ベクトル, 105, 106
4 近傍, 32, 36, 53
4 連結法, 32
8 近傍, 33, 37, 54
8 連結法, 33

CAD 図形, 127
CCD (Charge Coupled Device) 固体
　　　　撮像素子, 1
Chroma（彩度）, 16

DXF ファイル, 127

ENTITIES セクション, 127

Forsen 法, 45

HSV チャート, 21
HSV 表現, 18
Hue（色相）, 16

IEEE-1394, 1

JIS-Z8721 準拠標準色票, 16

MC, 5
MOS フォトダイオード, 2

P タイル法, 28

RGB 表現, 18

Saturation（彩度）, 18
Sobel 法, 43

USB, 1

Value（明度）, 16

X 軸回りの回転角度, 130
Z 軸の高さ基準, 147, 148

ア　行

明るさ, 2
位置座標の認識, 117
一方向, 42
一方向照明, 7
一様照明, 6
一致係数, 135, 145, 147
　　Z 軸の高さ, 147
　　頂点間距離, 147
一般形状, 81
色円柱, 18
色の表示, 16
色補正, 21

エッジ処理, 41
円形, 87
円弧, 83, 84

カ　行

回帰係数, 72
回帰誤差, 72
回帰直線, 71
回帰分析, 109
外積, 142
階調, 2
回転変換, 130
拡散処理, 40
画素, 2, 4
画像, 1
仮想空間, 131
画像処理, 1

索　引　155

画像処理装置, 1
画素分布, 73
カメラ, 1
カメラ座標系, 103
間接照明, 6

基準座標系, 105
輝度, 2, 5
輝度傾斜値, 43
輝度ヒストグラム, 25, 28
輝度分布, 25
輝度変化値, 44
極座標表示, 20
極小値, 93
極小値一致係数, 136
曲線近似, 95
極大値, 93
極大値一致係数, 136
許容差, 61, 82, 137

グラフの重ね合わせ, 139

傾斜値, 43, 44
傾斜方向, 43, 44

光源, 8
光源色, 22
光断法, 7
交点, 111

サ　行

最小二乗法, 109
細線化処理, 46
彩度, 16, 18
雑音除去, 36
座標変換, 130
三角形, 87
三原色, 5
三次元空間, 103
三次元直線, 103
三次元特徴量, 141
三属性, 16

四角形, 88
しきい値, 26, 27
色相, 16

色相環, 16
自動絞り, 2
自動焦点, 3
視野の大きさ, 2
収縮処理, 40
重心位置, 30, 62
重心－輪郭線距離, 93, 134
重相関係数, 87, 110
焦点, 9
照明, 6
白の量, 19
振幅, 135

垂直方向の2台のカメラ, 121
図形一致係数, 137

セクション, 127
　　　BLOCKS, 127
　　　CLASSES, 127
　　　ENTITIES, 127
　　　HEADER, 127
　　　OBJECTS, 127
　　　TABLES, 127
　　　THUMBNAILIMAGE, 127
接線方向, 69
線形オペレータ, 43

相関係数, 72

タ　行

大数の法則, 64
多角形の頂点, 66
多項式, 86
多値化, 25, 26
単位ベクトル, 106, 131
単位方向ベクトル, 106, 120
段差, 11

頂点間距離, 142, 144
頂点の認識, 68
直線の認識, 71
直線の方程式, 103

データ数の同一化, 134

同一方向の2台のカメラ, 117
特徴量, 63, 132
度数分布, 90

ナ 行

内積, 107

二次元極座標系, 75

二次元特徴量, 133

二値化, 25, 26

二値化画像, 32

日本工業規格 (JIS), 16

入射角, 9

認識手法, 61, 103

ねじれの位置, 111, 124

ノイズフィルタ, 36

ハ 行

背景, 10

発光ダイオード, 6

ハフ (Hough) 変換, 77

反射光, 13

反射率, 8, 9

パン・チルト機能, 3

ピクセル, 2, 4

微分処理, 41

標準偏差, 63

表色, 16

表面形状, 8

フェレ径, 35, 74, 81

不偏分散, 64

平滑化処理, 36

平均値, 63

平行つかみハンド, 91

変換行列, 131, 143, 144, 148

方向ベクトル, 104, 106

法線方向, 68, 90

法線方向単位ベクトル, 142

法線方向の変化, 69

マ 行

マシニングセンター, 5

マスクオペレータ, 43

右手座標系, 105

無彩色, 18, 21

明度, 16

メディアン (中央値), 36

メディアンフィルタ, 36

面積, 31

モード法, 28

ユークリッド距離, 61

ラ 行

落射照明, 11

ラベリング手順, 33

ラベリング法, 32

輪郭線, 53, 81, 90

輪郭線抽出法, 53, 93

輪郭点, 53

リング照明, 11

累積値, 29

レーザ光源, 7

連結成分, 32

ワ 行

ワイヤーカット, 5

Memorandum

Memorandum

著者紹介

大﨑紘一（おおさき　ひろかず）
1966年　　岡山大学大学院理学研究科修了
2005年6月まで　岡山大学理事　副学長
現　在　　岡山大学名誉教授，工学博士

神代　充（じんだい　みつる）
1999年　　岡山大学大学院自然科学研究科修了
現　在　　岡山県立大学情報工学部教授，博士（工学）

宗澤良臣（むねさわ　よしおみ）
1995年　　岡山大学大学院工学研究科修了
現　在　　岡山大学大学院自然科学研究科講師，博士（工学）

梶原康博（かじはら　やすひろ）
1990年　　岡山大学大学院自然科学研究科修了
現　在　　首都大学東京システムデザイン工学部教授，学術博士

画像認識システム学	著　者　大﨑紘一・神代　充　　　　ⓒ2005 　　　　宗澤良臣・梶原康博
2005 年 9 月 20 日　初版 1 刷発行 2018 年 9 月 10 日　初版 5 刷発行	発行者　南條光章
	発行所　**共立出版株式会社** 　　　　郵便番号 112-0006 　　　　東京都文京区小日向 4-6-19 　　　　電話 03-3947-2511（代表） 　　　　振替口座 00110-2-57035 　　　　URL http://www.kyoritsu-pub.co.jp/
	印　刷　加藤文明社
	製　本　協栄製本
検印廃止 NDC 548 ISBN 978-4-320-08622-7	一般社団法人 自然科学書協会 会員 Printed in Japan

JCOPY ＜出版者著作権管理機構委託出版物＞

本書の無断複製は著作権法上での例外を除き禁じられています．複製される場合は，そのつど事前に，出版者著作権管理機構（ＴＥＬ：03-3513-6969，ＦＡＸ：03-3513-6979，e-mail：info@jcopy.or.jp）の許諾を得てください．

■電気・電子工学関連書

http://www.kyoritsu-pub.co.jp/　共立出版

- 電気・電子・情報通信のための工学英語 ……………… 奈倉理一著
- 電気数学 ベクトルと複素数 ……………… 安部 實著
- テキスト 電気回路 ……………… 庄 善之著
- 演習 電気回路 ……………… 庄 善之著
- 電気回路 ……………… 山本弘明他著
- 詳解 電気回路演習 上・下 ……………… 大下眞二郎著
- 大学生のためのエッセンス 電磁気学 ……………… 沼居貴陽著
- 大学生ための電磁気学演習 ……………… 沼居貴陽著
- 基礎と演習 理工系の電磁気学 ……………… 高橋正雄著
- 入門 工系の電磁気学 ……………… 西浦宏幸他著
- 詳解 電磁気学演習 ……………… 後藤憲一他共編
- ナノ構造磁性体 物性・機能・設計 ……………… 電気学会編
- わかりやすい電気機器 ……………… 天野耀鴻他著
- エッセンス 電気・電子回路 ……………… 佐々木浩一他著
- 電子回路 基礎から応用まで ……………… 坂本康正著
- 学生のための基礎電子回路 ……………… 亀井且有著
- 基礎電子回路入門 アナログ電子回路の変遷 村岡輝雄著
- 本質を学ぶためのアナログ電子回路入門 宮入圭一監修
- 例解 アナログ電子回路 ……………… 田中賢一著
- マイクロ波回路とスミスチャート ……………… 谷口慶治他著
- マイクロ波電子回路 設計の基礎 ……………… 谷口慶治著
- 線形回路解析入門 ……………… 鈴木五郎著

- 論理回路 基礎と演習 ……………… 房岡 璋他共著
- 大学生のためのエッセンス 量子力学 ……………… 沼居貴陽著
- Verilog HDLによるシステム開発と設計 高橋隆一著
- C/C++によるVLSI設計 ……………… 大村正之他著
- HDLによるVLSI設計 第2版 ……………… 深山正幸他著
- 非同期式回路の設計 ……………… 米田友洋訳
- 実践 センサ工学 ……………… 谷口慶治他著
- PWM電力変換システム ……………… 谷口勝則著
- 情報通信工学 ……………… 岩下 基著
- 新編 図解情報通信ネットワークの基礎 田村武志著
- 小型アンテナハンドブック ……………… 藤本京平他編著
- 入門 電波応用 第2版 ……………… 藤本京平著
- 基礎 情報伝送工学 ……………… 古賀正文他著
- IPv6ネットワーク構築実習 ……………… 前野譲二他著
- ディジタル通信 第2版 ……………… 大下眞二郎他著
- 画像伝送工学 ……………… 奈倉理一著
- 画像認識システム学 ……………… 大崎紘一他著
- ディジタル信号処理 (S知能機械工学 6) … 毛利哲也著
- ベイズ信号処理 ……………… 関原謙介著
- 統計的信号処理 ……………… 関原謙介著
- 医用工学 医療技術者のための電気・電子工学 第2版 ……………… 若松秀俊他著